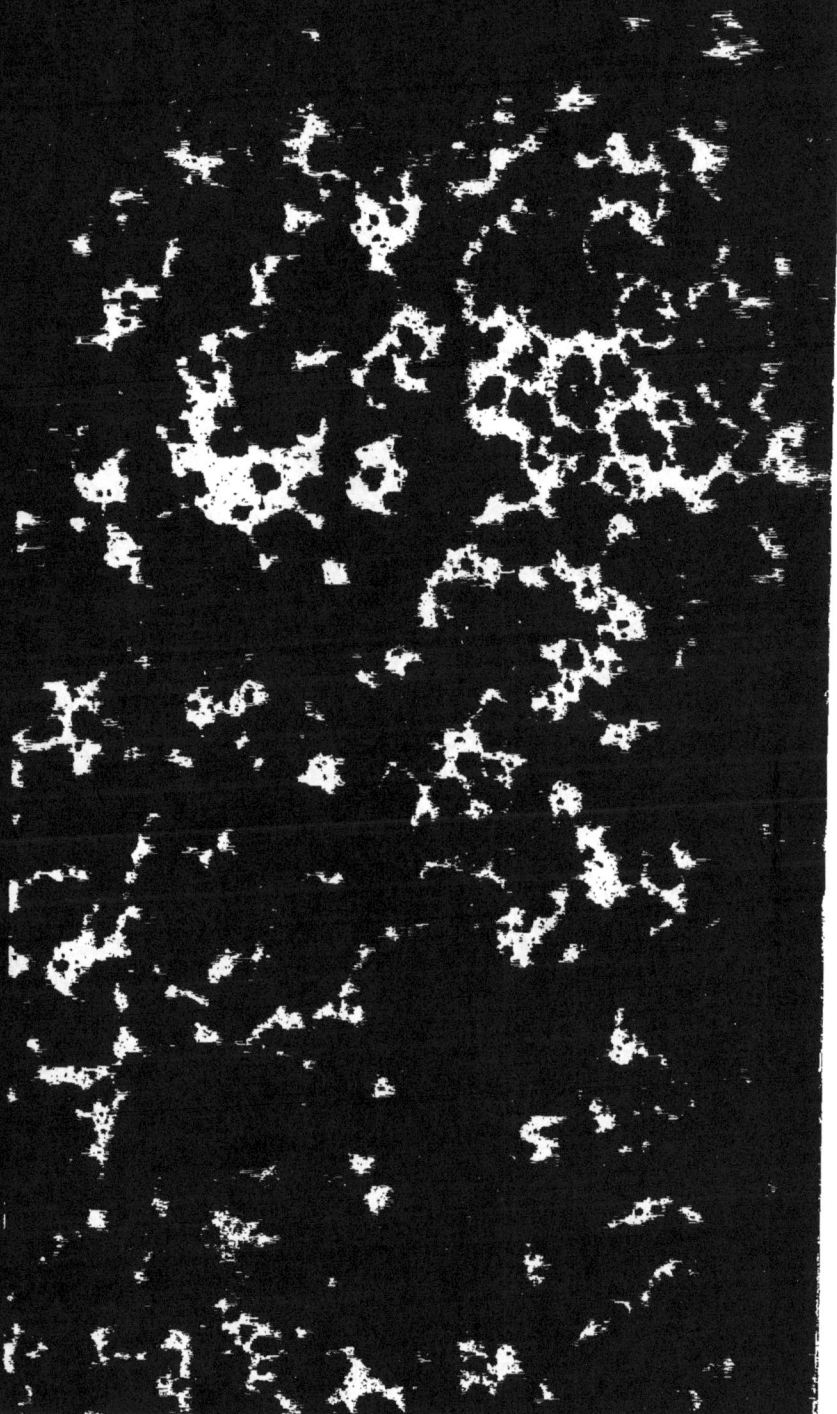

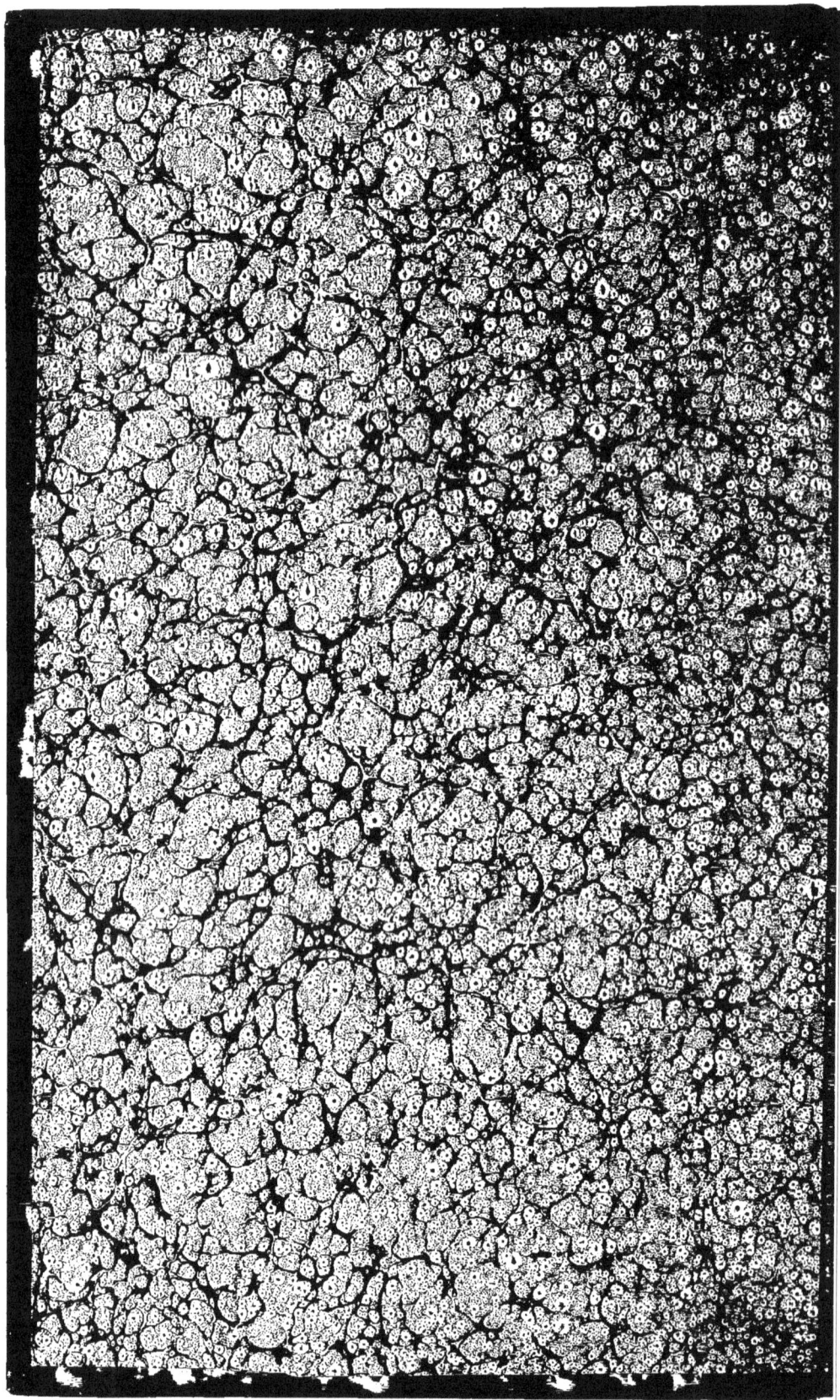

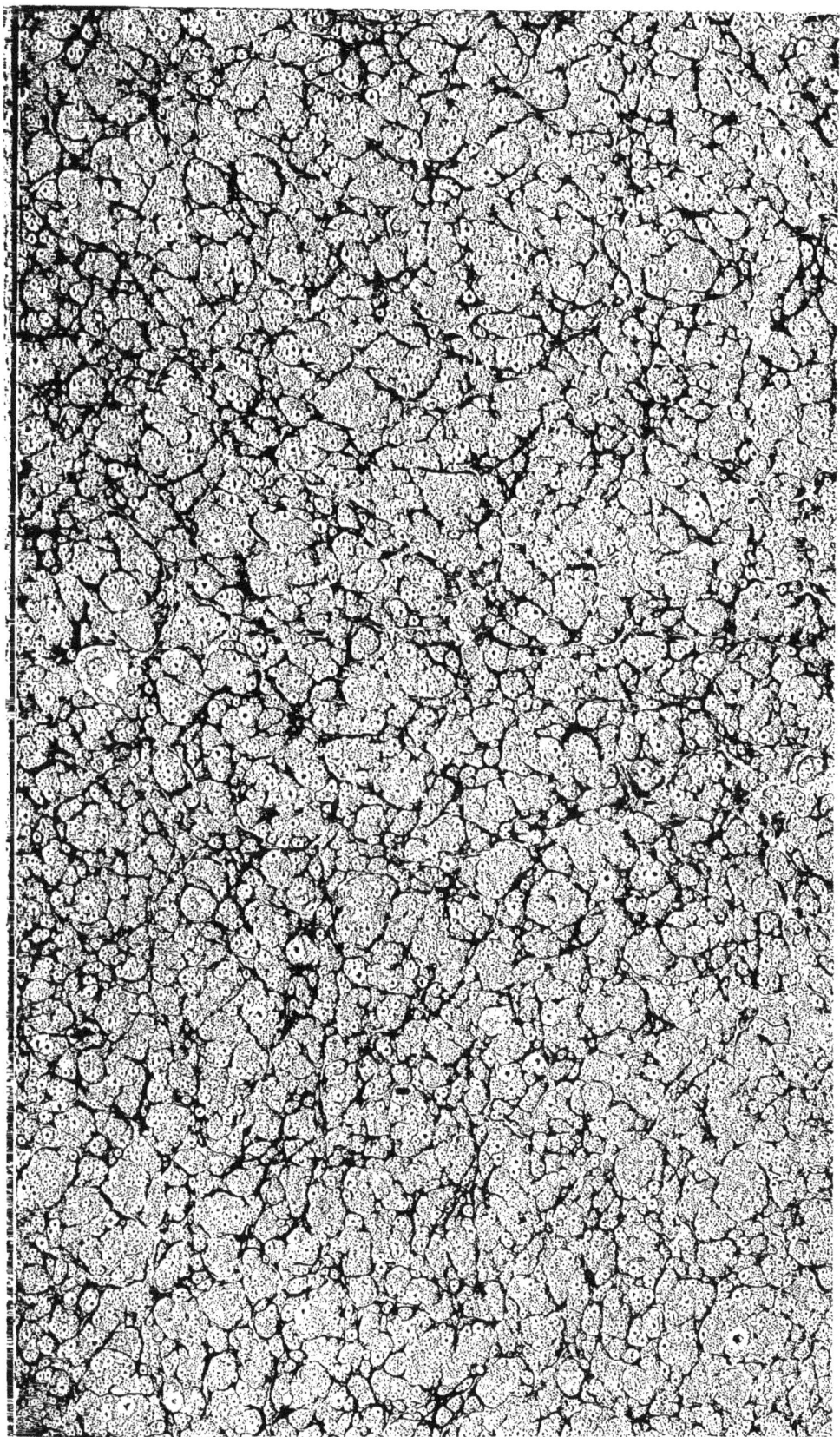

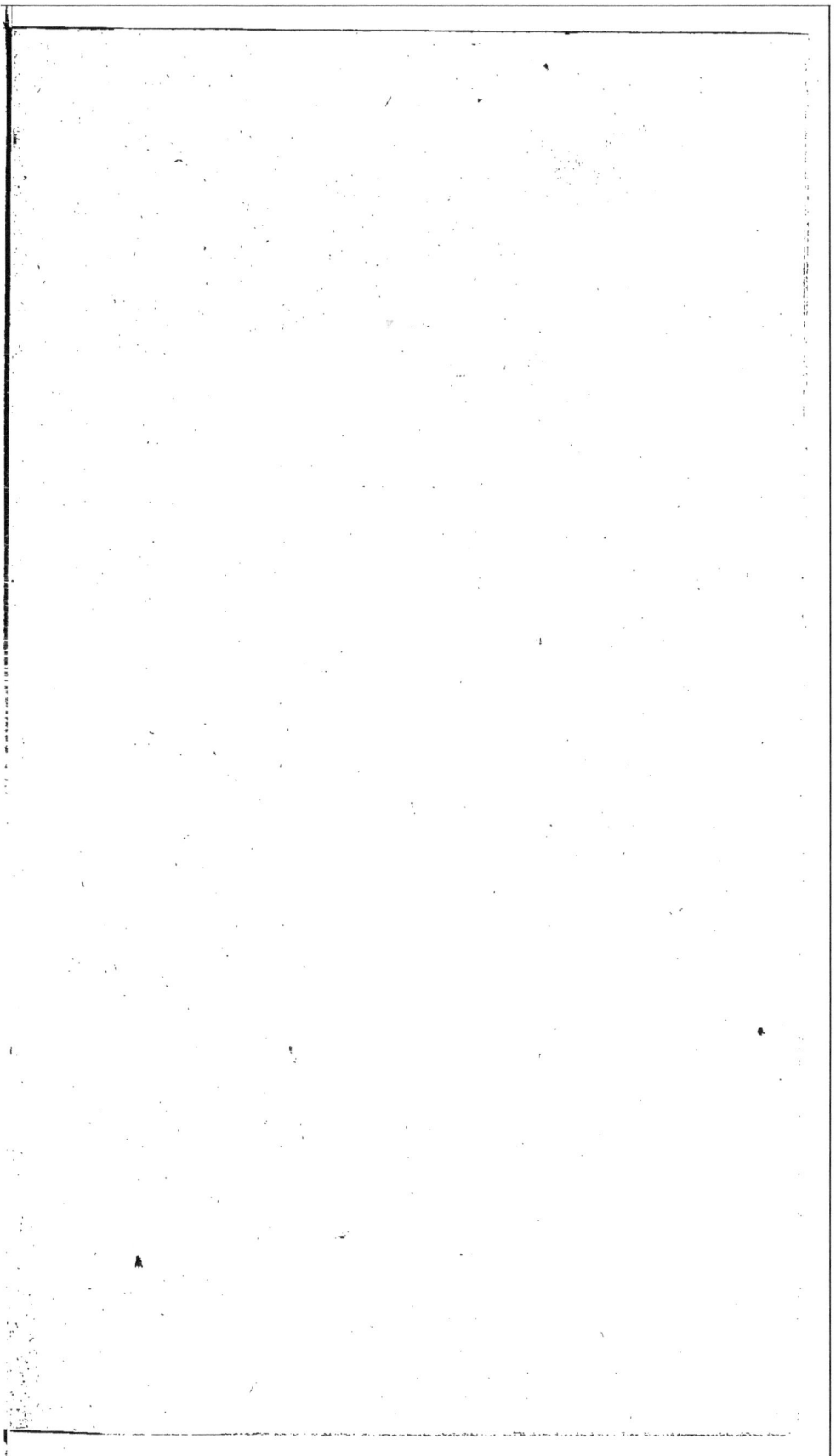

V

ARITHMÉTIQUE

ET

MÉTROLOGIE ÉLÉMENTAIRES.

ARITHMÉTIQUE

ET

MÉTROLOGIE ÉLÉMENTAIRES,

terminées

1.º PAR LES NOTIONS LES PLUS USUELLES

DE GÉODÉSIE ET DE STÉRÉOMÉTRIE ;

2.º PAR UNE CONCORDANCE DES CALENDRIERS GRÉGORIEN
ET RÉPUBLICAIN ;

3.º PAR DES TABLEAUX DE RÉDUCTION DES MESURES ANCIENNES
DE CHAQUE CHEF-LIEU DE CANTON

DU DÉPARTEMENT DU LOT,

ET DE

PLUSIEURS AUTRES LIEUX IMPORTANTS
OU LIMITROPHES.

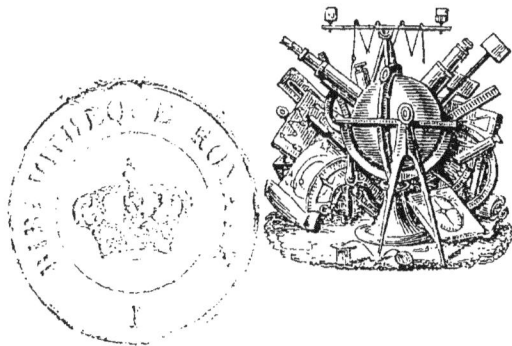

AGEN,

IMPRIMERIE DE PROSPER NOUBEL.

—

1837.

AVANT-PROPOS.

Le bien immense, commencé par l'introduction du nouveau système des poids et mesures, nous a paru désirer, pour être achevé parmi les habitants du département du Lot, que des tableaux de réduction des anciennes mesures locales en mesures nouvelles pussent être répandus dans toutes les classes de la société, et surtout sur les bancs de nos écoles ; car on sait que ce n'est que par une longue habitude que nous nous familiarisons avec cette prodigieuse et accablante variété des mesures anciennes, qui, pour surcroît d'embarras, n'offrent aucune liaison ni entre elles, ni entre leurs multiples et sous-multiples.

Quelque difficile que dût être pour nous une telle entreprise, nous n'avons su résister au pressant besoin qui la réclamait ; et c'est ce travail que nous avons l'honneur d'offrir aujourd'hui à nos concitoyens.

Nous avons cru en même temps indispensable d'entourer nos tableaux de tout ce qui pouvait en assurer le succès. Ainsi, l'homme qui aurait besoin de recourir aux premiers éléments du calcul ; celui qui voudrait compter avant d'élever une maison, de creuser

un puits, de faire une cuve ; le propriétaire curieux
de mesurer lui-même son champ ou de vérifier le travail d'un autre à cet égard ; le notaire, le magistrat
même, lorsqu'ils auront à comparer un style chrono-
logique à l'autre, tous auront dans notre ouvrage, tout
faible qu'il est, des moyens faciles d'atteindre l'objet
de leurs recherches. Tel est au moins notre espoir ;
car tel a été le but constant de nos efforts. Nous se-
rons reconnaissants des observations ou des renseigne-
ments que l'on voudra bien nous faire parvenir.

SIGNES ET ABRÉVIATIONS.

+ Plus. (Addition.)

— Moins. (Soustraction.)

× Fois ou multiplié par. (Multiplication.)

(4) (6) 4 multiplié par 6.

$\frac{4}{6}$ ou $\frac{4}{6}$. 4 divisé par 6. (Division.)

= Egale. (Equations.)

$\sqrt{16}$ Racine de 16.

X. Quantité inconnue.

Agr. Agraire.

Ar. Are.

B. de chauf. Bois de chauffage.

Can. car. Canne carrée.

℔ Livre.

F. Franc.

G. Gramme.

H. ou hectol. Hectolitre.

Latt. car. Latte carrée.

L. Ligne.

Lin. Linéaire.

Lit. Litre.

M. Mètre.

O. Once.

P. Pied.

P^e. Pouce.

Qtrée. Quartérée.

Qtnat. Quartonat.

St. Stère.

Les exemplaires de cet ouvrage, non contrefaits, sont les seuls revètus de ma griffe.

ARITHMÉTIQUE

ET

MÉTROLOGIE ÉLÉMENTAIRES.

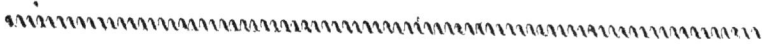

PREMIÈRE PARTIE.

ARITHMÉTIQUE.

1. NOUS ne pouvons connaître la valeur d'un objet quelconque sans le comparer à un autre.

L'objet susceptible d'évaluation se nomme *quantité*; et l'objet pris pour terme de comparaison s'appelle *unité*.

2. La réunion de plusieurs unités de même espèce, comme *deux mètres; cinq toises; vingt livres*, etc., s'appelle *un nombre*.

Si un nombre ne représente que des unités entières, comme *deux mètres; cinq toises*, etc., il s'appelle *nombre entier*.

Si un nombre ne représente que des parties de l'unité, comme *deux tiers; cinq huitièmes*, etc., il s'appelle une *fraction*.

Si le nombre représente des entiers sous la forme de fraction, comme cinq quarts (un et un quart); onze cinquièmes (deux et un cinquième), etc., il s'appelle *nombre fractionnaire*.

Si le nombre présente des entiers suivis de fractions, comme *deux livres, huit sous; cinq toises, trois pieds, quatre pouces*, etc., il s'appelle nombre complexe. Dans le cas contraire, comme *deux livres; cinq toises*, etc., il est incomplexe.

On dit enfin qu'un nombre est *abstrait*, lorsqu'il ne désigne aucune espèce d'unités en particulier, comme deux, vingt, mille, etc. Dans le cas contraire, il est *concret*.

3. La science des nombres s'appelle *arithmétique*.

L'arithmétique enseigne, 1° la numération; 2° le calcul des nombres entiers, celui des fractions, et celui des nombres complexes; 3° les puissances des nombres; 4° les proportions avec les applications qui en dérivent.

NUMÉRATION.

4. La numération est l'art de représenter les nombres.

5. Les nombres sont infinis. On les représente cependant, bien au-delà de nos besoins, de deux manières simples et faciles, savoir : par un petit nombre de mots, appelés *noms de nombre*, c'est la NUMÉRATION PARLÉE; et par dix caractères seulement, appelés *chiffres*, et c'est la NUMÉRATION ÉCRITE.

6. NUMÉRATION PARLÉE. Les principaux noms de nombre sont : *un, deux, trois, quatre, cinq, six, sept, huit, neuf, dix,.... vingt,.... trente,.... quarante,.... cinquante,.... soixante,.... soixante-dix,.... quatre-vingt,.... quatre-vingt-dix,... cent,... mille,... million,... billion* ou *milliard,...* etc.

Toute unité se désigne par le mot UN. En ajoutant ensuite successivement *un* à lui-même, on fait *deux, trois, quatre,... neuf.*

Neuf plus *un* ont été appelés DIX ou DIXAINE.

Pour continuer après *dix*, on a répété les neuf premiers nombres, en disant *onze* (dix-un), *douze* (dix-deux), *treize* (dix-trois), *quatorze* (dix-quatre), *quinze* (dix-cinq), *seize* (dix-six), *dix-sept, dix-huit, dix-neuf.*

Dix-neuf plus *un* ont été appelés VINGT ou *deux dixaines.*

En répétant ainsi successivement les neuf premiers nombres augmentés de *un*, on obtient *trente* (trois dixaines), *quarante* (quatre dixaines), *cinquante* (cinq dixaines), *soixante* (six dixaines), *soixante-dix* (sept dixaines), *quatre-vingt* (huit dixaines), *quatre-vingt-dix* (neuf dixaines).

Quatre-vingt-dix-neuf plus *un*, ou *dix dixaines*, ont été appelés CENT ou CENTAINE.

Après *cent*, on répète les quatre-vingt-dix-neuf premiers nombres, et l'on fait DEUX CENTS. On obtient par le même procédé *trois cents, quatre cents, cinq cents,..... neuf cents.*

Dix cents ont été appelés *mille.* On compte par *mille* comme on l'a fait par unités, par dixaines et par centaines d'unités simples, et l'on dit : *mille, deux mille, trois mille,... dix, vingt, trente mille,... cent, deux cents, trois cent mille.*

Dix centaines de mille s'appellent *million.* On compte par *millions* comme on vient de le faire par *mille.*

Dix centaines de millions ont été appelées BILLION ou MILLIARD. Ici se bornent nos besoins ; car les royaumes eux-mêmes s'arrêtent aux milliards.

7. NUMÉRATION ÉCRITE. Nos dix chiffres * sont :

1, 2, 3, 4, 5, 6, 7, 8, 9, 0.
un, deux, trois, quatre, cinq, six, sept, huit, neuf, zéro.

8. Pour pouvoir représenter tous les nombres possibles avec ces dix caractères, on établit les conventions suivantes :

1° Chacun des neuf premiers chiffres employé isolément ou à la droite d'un nombre n'a jamais que sa valeur absolue.

---

* Venus des Arabes.

2° Chacun des neuf premiers chiffres, placé au second rang à gauche, désignera des *dixaines*, ou deviendra dix fois plus grand que s'il était au premier rang ; placé au troisième rang vers la gauche, il désignera des *centaines*, ou sera dix fois plus grand qu'au rang des dixaines, et cent fois plus grand qu'au rang des unités simples. Au quatrième rang, toujours vers la gauche, seront les *mille* ; au cinquième, les dixaines de mille ; au sixième, les centaines de mille ; au septième, les millions, etc.

Le zéro n'a aucune valeur par lui-même. Il ne sert qu'à remplacer les ordres d'unités qui peuvent manquer dans un nombre, afin que les chiffres significatifs aient la place et la valeur qui leur appartiennent.

9. Les deux conventions précédentes (8) se résument ainsi : *Les chiffres acquièrent une valeur de dix en dix fois plus grande, en allant de droite à gauche*. Réciproquement, *cette valeur devient de dix en dix fois plus petite, en allant de gauche à droite*.

Donc, pour rendre un nombre 10 ou 100 ou 1000, etc. fois plus grand, il n'y a qu'à ajouter un, ou deux, ou trois zéros sur la droite de ce nombre. Réciproquement, un nombre, terminé par des zéros, deviendra 10 ou 100 ou 1000 fois plus petit, selon que l'on effacera un, ou deux, ou trois zéros sur la droite de ce nombre.

D'après ces principes, le nombre *quarante-huit* (4 dixaines et 8 unités simples) s'écrira par 48. *Cinq cents soixante-quatre* (5 centaines, 6 dixaines et 4 unités) se représenteront par 564. *Huit mille sept cent seize* (8 unités de mille, 7 centaines, 1 dixaine et 6 unités) se traduisent par 8716. *Vingt-cinq mille quatre-vingts* (2 dixaines et 5 unités de mille, zéro centaines, 8 dixaines et zéro unités) s'écrivent par 25080.

10. Pour traduire en toutes lettres un nombre écrit en chiffres, il faut le partager par la pensée, ou autrement, en tranches de trois chiffres chacune, en allant de droite à gauche (la dernière tranche à gauche pourra n'avoir qu'un

ou deux rangs); puis revenant de gauche à droite, on énonce chaque tranche, absolument comme si elle était seule, en lui donnant en même temps le nom de la classe qui lui est propre : 8,746 vaudront donc *huit mille, sept cent quarante-six ;* 54,675 vaudront *cinquante-quatre mille, six cent soixante-quinze ;* 4,206,940 valent *quatre millions, deux cent six mille, neuf cent quarante.* L'exemple suivant pourra servir de guide dans tous les cas :

4		3			2			1		
BILLIONS.		MILLIONS.			MILLE.			UNITÉS.		
8	4	5	7	2	6	3	4	2	0	7
Dixaines de billions.	BILLIONS.	Centaines de millions.	Dixaines de millions.	MILLIONS.	Centaines de mille.	Dixaines de mille.	MILLE.	Centaines d'unités.	Dixaines d'unités.	UNITÉS SIMPLES.

ce qui vaut *quatre-vingt-quatre billions, cinq cent soixante-douze millions, six cent trente-quatre mille, deux cent sept.*

11. NUMÉRATION DÉCIMALE. Toute unité possible, comme un bâton, un mur, un champ, un tonneau, etc., est partageable à l'infini, en parties de dix en dix fois plus petites (9), appelées DÉCIMALES.

On partage d'abord l'unité en dix parties appelées *dixièmes ;* puis, chaque dixième en dix parties appelées *centièmes ;* chaque centième en dix nouvelles parties appelées *millièmes ;* chaque millième en dix *dix-millièmes ;* chaque dix-millième en dix *millionnièmes*, etc.

12. Toute unité vaudra donc, ou 10 dixièmes, ou 100 centièmes, ou 1000 millièmes, etc.

13. Donc aussi 1 dixième vaut 10 centièmes ; 1 centième vaut 10 millièmes ; 1 millième vaut 10 dix-millièmes, etc.

Réciproquement, 10 parties d'un ordre quelconque à

droite, valent 1 partie de l'ordre immédiatement supérieur à gauche : 10 millièmes, par exemple, valent 1 centième; 10 centièmes valent 1 dixième; 10 dixièmes enfin valent 1 unité.

14. On représente encore les décimales avec nos dix chiffres (7); et l'analogie conduit à écrire les dixièmes à la droite des unités; les centièmes à la droite des dixièmes; les millièmes à la droite des centièmes, etc., avec l'attention de séparer toujours les entiers des décimales par une virgule; observez encore de mettre toujours zéro à la place des entiers, si vous n'avez que des décimales.

D'après ce principe, *trois unités* et *cinq dixièmes* doivent s'écrire par 3,5; *vingt-cinq unités* et *douze centièmes* s'écrivent par 25,12; *cent quarante-deux unités* et *trois cent vingt-six millièmes* se traduisent par 142,326; pour *huit dixièmes* seulement, j'écris 0,8; pour *quarante-cinq centièmes* j'écris de même 0,45; *cinq centièmes* se rendent par 0,05, etc.

15. Les expressions décimales en chiffres, telles que 0,456, ou 0,8475, ou 0,67286, par exemple, se traduisent, en paroles, absolument comme les nombres en tiers (10), en donnant à la quantité entière la dénomination de la dernière décimale à droite : cette dénomination se trouve en disant, à partir de la virgule et de gauche à droite, *dixième, centième, millième, dix-millième, cent-millième*, etc.

D'après ce principe, 0,548 valent *zéro unités, cinq cent quarante-huit millièmes*; 0,0356 valent *trois cent cinquante-six dix-millièmes*; 0,607858 valent *six cent sept mille huit cent cinquante-huit millionnièmes*, etc.

16. Un nombre devient 10 ou 100 ou 1000, etc., fois plus grand, si l'on avance la virgule de un, de deux, de trois, etc., rangs vers la droite. Réciproquement, le nombre deviendra 10, ou 100, ou 1000 fois plus petit, selon que l'on reculera la virgule de un, de deux, de trois, etc., rangs vers la gauche.

CALCUL DES NOMBRES ENTIERS

ET DES NOMBRES DÉCIMAUX.

17. Les opérations fondamentales de tout calcul sont au nombre de quatre, savoir : l'ADDITION, la SOUSTRACTION, la MULTIPLICATION et la DIVISION.

ADDITION.

18. L'addition a pour but de réunir deux ou plusieurs nombres de même espèce en un seul, que l'on appelle *somme* ou *total*.

19. Dans toute addition observez les principes suivans :

1° *Écrivez les divers nombres à ajouter les uns sous les autres, de manière que les unités de même ordre soient exactement dans la même colonne. Tirez un trait horizontal sous le nombre écrit le dernier ;*

2° *Commencez l'opération par la* 1re *colonne à droite, dont vous ajouterez tous les chiffres. Si cette première somme partielle ne passe pas* 9, *écrivez-la tout entière sous le trait.*

Si la somme de la 1re *colonne est* 10, *ou* 20, *ou* 30, *etc., c'est-à-dire un nombre rond de dixaines, écrivez* 0 *sous le trait, et retenez autant de fois* 1 *que vous aurez de dixaines, pour les porter à la colonne précédente.*

Si enfin la somme de la 1re *colonne est au-dessus de* 10, *ou de* 20, *ou de* 30, *etc., écrivez seulement sous le trait les unités qu'il y a au-dessus des dixaines, et retenez les dixaines, que vous porterez à la colonne précédente, sur laquelle vous opérerez absolument comme il vient d'être dit pour la première.*

3° *Vous continuerez ainsi de colonne en colonne, jusqu'à la dernière, à gauche, au-dessous de laquelle vous écrirez toujours en entier la dernière somme partielle trouvée.*

20. Si les nombres à ajouter renferment des décimales, il n'y a rien à changer pour cela à ce qui vient d'être prescrit pour les entiers. Il suffit seulement de donner à la virgule, dans la somme totale, la place qu'elle avait dans les nombres à ajouter (19 — 1°.)

EXEMPLES :

1°	2°	3°	4°. fr.
241	5642	249764	564,25
1214	64762	568872	748,36
2113	84614	9495948	35,724
5421	444982	6628787	8,008
8989	600000	16943371	1356,342

Prenant le premier exemple, je dis, en partant de la droite : 1 et 4 = 5 ; 5 et 3 = 8 ; 8 et 1 = 9, que j'écris sous le trait. Je passe à la deuxième colonne, à gauche, où je dis pareillement : 4 + 1 = 5 ; 5 + 1 = 6 ; 6 + 2 = 8, que j'écris de même sous le trait. Agissant ainsi successivement sur les deux autres colonnes à gauche, j'ai pour somme totale 8989.

Au 2ᵉ exemple, je trouve 10 à la 1ʳᵉ colonne, mais je pose zéro sous le trait, et je retiens 1, que je porte à la colonne suivante, où je trouve 20 ; j'écris de même zéro, et je retiens 2 (2 dixaines d'unités, ou 20), que je porte pareillement à la colonne suivante, sur laquelle j'agis comme précédemment. En procédant de même jusqu'à la dernière colonne à gauche, j'ai ici pour somme totale 600000.

Au 3ᵉ exemple, la 1ʳᵉ colonne donne 21 (2 dixaines et 1 unité) ; j'écris seulement 1 sous le trait, et je retiens 2 (les dixaines) que je porte à la colonne suivante, comme il vient d'être pratiqué dans l'exemple précédent. On voit suffisamment, je pense, comment il faut continuer jusqu'à la dernière colonne à gauche, sous laquelle j'écris à l'ordinaire la dernière somme partielle trouvée.

Au 4ᵉ exemple, la 1ʳᵉ colonne vaut 12 millièmes (13); j'écris 2 seulement sous le trait, et je retiens 10 millièmes ou 1 centième, que je porte aux centièmes, dont la colonne vaut alors 14; je ne pose de même que 4, et je retiens 1 dixième que j'ajoute aux dixièmes, qui par ce moyen se montent à 13 (10 dixièmes ou 1 unité et 3 dixièmes.) Je n'écris donc que 3 sous le trait, et je retiens 1 que je porte aux entiers, à l'égard desquels j'agis comme il vient d'être pratiqué.

SOUSTRACTION.

21. La soustraction a pour but de retrancher un nombre d'un autre. Le résultat s'appelle *reste* ou *différence*, suivant les cas : Il y a reste, lorsqu'on a plus que l'on ne doit; et différence, lorsqu'on a moins que l'on ne doit.

22. Dans toute soustraction observez les principes suivans :

1° *Écrivez le plus petit des deux nombres sous le plus grand, en mettant bien exactement les unités de même ordre dans la même colonne; tirez un trait sous le dernier nombre;*

2° *Commencez l'opération par la droite, en ôtant les unités inférieures des unités supérieures correspondantes; agissez de même pour les dixaines, pour les centaines, etc., jusqu'à la dernière colonne à gauche;*

3° *Si les chiffres du nombre supérieur, moins le dernier à gauche, sont plus faibles que les chiffres inférieurs correspondans, empruntez 1 sur le premier chiffre significatif à gauche de la colonne où vous serez : l'unité empruntée vaudra 10, ou 100, ou 1000, etc., unités de l'ordre qui en a besoin, selon qu'elle sera prise à un, à deux, à trois, etc., rangs vers la gauche (9).*

Quand l'unité empruntée ne vaut que 10, on la prend tout

entière ; et lorsqu'elle vaut 100 *ou* 1000, *ou* 10000, *etc.*, *on ne prend jamais que* 10, *mais les zéros intermédiaires sont changés en autant de* 9 ; *on continue alors l'opération comme à l'ordinaire, en se souvenant que le chiffre sur lequel on a emprunté est toujours diminué de* 1.

23 Les quantités décimales, soit seules, soit avec des entiers, se traitent absolument ici comme les entiers.

EXEMPLES :

1°	2°	3°	4°
			fr.
de 87965	de 54275	de 4007020	de 81,35
ôtez 54623	ôtez 35468	ôtez 3548542	ôtez 58,468
33342	18807	458478	22,882

Au 1er exemple, 1re colonne à droite, je dis : 3 ôté de 5, il reste 2 ; passant à la colonne précédente, je dis de même : 2 ôté de 6, reste 4 ; en continuant ainsi de colonne en colonne jusqu'à la dernière colonne à gauche, j'ai pour résultat 33342.

Au 2e exemple, je dis : 8 ôté de 5 ne se peut ; j'emprunte alors 1 sur le 7 à gauche (9) ; ce qui, joint au 5, donne 15 ; ôtant alors 8 de 15, j'ai 7 pour reste. En agissant ainsi jusqu'à la dernière colonne à gauche, j'ai pour reste total 18807.

Au 3e exemple, le premier zéro de la droite vaut 10, en empruntant ; mais les autres seront tous changés en autant de 9, parce qu'on a emprunté au-delà de chacun d'eux (9).

Au 4e exemple, le chiffre 8 de la droite n'a pas de correspondant supérieur ; mais alors on suppose un zéro vis-à-vis, et l'on fait la soustraction comme il vient d'être dit (22).

PREUVE DE L'ADDITION ET DE LA SOUSTRACTION.

24. L'addition et la soustraction se servent réciproquement de preuve.

25. PREUVE DE L'ADDITION. Faites une nouvelle addition de tout les nombres à ajouter, moins un, et de la première somme ôtez la seconde ; la différence doit être le nombre omis dans la dernière addition.

26. Il est évident que la somme retranchée, plus le reste trouvé, doivent égaler le nombre dont il fallait retrancher ; donc l'opération sera censée bonne, si en additionnant (19) le nombre retranché et le reste, on reproduit le nombre dont il fallait retrancher.

MULTIPLICATION.

27. La multiplication est en général une opération par laquelle on répète un nombre autant de fois qu'il y a d'unités dans un autre *.

Mais pour généraliser la question, vous direz que *multiplier un nombre par un autre, c'est produire un troisième nombre, qui est au premier comme le second est à l'unité.*

28. Le nombre qu'il faut répéter se nomme *multiplicande ;* celui par lequel on répète le multiplicande, s'appelle *multiplicateur ;* et le résultat de l'opération se nomme *produit.*

Le multiplicande et le multiplicateur se nomment aussi les *facteurs* du produit.

29. Dans toute multiplication, observez les principes suivans :

1° *Écrivez le multiplicateur sous le multiplicande ;*

2° *Tirez un trait sous le multiplicateur.*

3° *Répétez tout le multiplicande par tout le multiplicateur.*

* La multiplication n'est donc qu'une *addition* abrégée.

Mais ce dernier principe, qui fait toute la difficulté, offre cinq cas : 1° Lorsque les deux facteurs sont d'un seul chiffre ; 2° lorsqu'un seul facteur a plusieurs chiffres ; 3° lorsque les deux facteurs sont de plusieurs chiffres ; 4° lorsque les facteurs sont terminés par des zéros ; 5° enfin, lorsque les facteurs sont terminés par des décimales.

30. PREMIER CAS. Lorsque les deux facteurs sont d'un seul chiffre, le produit se trouve toujours dans le livret suivant, appelé *Table de Pythagore*, et qu'il est indispensable de posséder par cœur avant d'aller plus loin.

1	2	3	4	5	6	7	8	9
2	4	6	8	10	12	14	16	18
3	6	9	12	15	18	21	24	27
4	8	12	16	20	24	28	32	36
5	10	15	20	25	30	35	40	45
6	12	18	24	30	36	42	48	54
7	14	21	28	35	42	49	56	63
8	16	24	32	40	48	56	64	72
9	18	27	36	45	54	63	72	81

Les chiffres de la ligne ou bande supérieure étant pris pour multiplicandes, et les chiffres de la première colonne à gauche pour multiplicateurs, le produit de chacun des neuf premiers nombres par un quelconque de ces mêmes nombres se trouvera dans la colonne du multiplicande, vis-à-vis le multiplicateur : 6 fois 8, par exemple, donnent 48, que je trouve sous 8, vis-à-vis 6. Il en est de même de tous les autres.

En examinant notre table de multiplication, on voit sans peine : 1° qu'elle se forme en ajoutant successivement chaque nombre à lui-même ;

2° Que le produit est toujours le même, quel que soit l'ordre donné aux facteurs : 3 fois 4, par exemple, ou 4 fois 3 donnent également 12 ; $5 \times 8 = 8 \times 5 = 40$; et ainsi des autres.

31. DEUXIÈME CAS. Lorsque l'un des facteurs a plusieurs chiffres, tandis que l'autre n'en a qu'un, le facteur de plusieurs chiffres se prend pour multiplicande, et l'autre pour multiplicateur (30), quelle que soit la question ; observez alors ce qui suit :

Multipliez successivement, de droite à gauche, chaque chiffre du multiplicande par le multiplicateur, en écrivant sous le trait chaque produit partiel obtenu, s'il ne passe pas 9 ; mais si un produit partiel est 10, ou 20, ou 30, etc., on écrit zéro sous le trait, et l'on retient autant de fois qu'il y a de dixaines dans le produit : les dixaines retenues se portent au produit suivant, à gauche ; si enfin un produit partiel contient des dixaines et des unités, on n'écrit que les unités sous le trait, et l'on retient les dixaines, dont on dispose comme il vient d'être dit.

EXEMPLES :

Combien coûteraient 462 mètres de toile, à 3 francs le mètre ? 3 devrait être le multiplicande (27) ; mais nous en ferons le multiplicateur, et nous écrirons : *

$$
\begin{array}{r}
462 \\
3 \\
\hline
1386
\end{array}
$$

---

* Cette violation du principe (27) n'est justifiée que par l'avantage d'abréger l'opération.

Je dis en partant de la droite : 3 fois 2 font 6, que j'écris tout entier sous le trait ; puis, 3 fois 6 font 18 ; je mets seulement 8 sous le trait, et je retiens 1, que j'ajoute au produit suivant, en disant : 3 fois 4 font 12 ; 12 et 1 de retenu font 13, que j'écris en entier sous le trait, comme étant le dernier produit partiel.

Quelle somme faudrait-il pour payer 15978 *hommes à* 9 *fr. chacun ?*

$$
\begin{array}{r}
15978 \\
9 \\
\hline
143802
\end{array}
$$

32. Troisième cas. Lorsque les deux facteurs ont chacun plusieurs chiffres, on répète le multiplicande par chaque chiffre du multiplicateur, absolument comme il vient d'être prescrit pour le 2ᵉ cas (31), en observant que le premier chiffre, à droite, du produit obtenu par les dixaines du multiplicateur, doit être écrit sous les dixaines du premier produit partiel ; celui des centaines s'écrira au rang des centaines, et ainsi de suite, en reculant toujours d'un rang vers la gauche, à chaque nouveau facteur partiel du multiplicateur.

Les multiplications partielles étant épuisées, on additionne les divers produits partiels obtenus : leur somme donne le produit total demandé.

Nota. S'il y a des zéros dans le corps du multiplicateur, on les néglige comme ne produisant rien, et l'on passe au chiffre significatif qui précède les zéros, en portant le premier chiffre du produit obtenu vis-à-vis le chiffre multiplicateur.

EXEMPLES :

1° Combien coûteraient 65 aunes de drap , à 16 fr. l'aune ?

$$
\begin{array}{r}
16 \\
65 \\
\hline
80 \\
96 \\
\hline
1040 \text{ fr.}
\end{array}
$$

2° Combien coûteraient 8657 hectolitres de blé à 24 fr. l'hectolitre ?

$$
\begin{array}{r}
8657 \\
24 \\
\hline
34628 \\
17314 \\
\hline
207768 \text{ fr.}
\end{array}
$$

3° Quelle somme faudrait il pour payer 36965 hommes, à raison de 468 fr. par homme ?

$$
\begin{array}{r}
36965 \\
468 \\
\hline
295720 \\
221790 \\
147860 \\
\hline
17299620 \text{ fr.}
\end{array}
$$

4.° *Que vaudraient* 504 *tonneaux de vin, à* 468 fr. *le ton-neau ?*

$$
\begin{array}{r}
468 \\
504 \\
\hline
1872 \\
2340 \\
\hline
235872
\end{array}
$$

33. QUATRIÈME CAS. Lorsque les facteurs sont terminés par des zéros, on fait l'opération sans avoir égard à ces zéros (9); mais on ajoute ensuite sur la droite du produit autant de zéros qu'il y en avait aux deux facteurs (9). Un seul exemple suffit :

Combien coûteraient 8500 *hommes à* 300 *fr. chacun ?*

$$
\begin{array}{r}
8500 \\
300 \\
\hline
2550000 \text{ fr.}
\end{array}
$$

34. CINQUIÈME CAS. Lorsque les facteurs contiennent des décimales, on fait toujours l'opération comme s'il n'y avait point de virgule dans aucun facteur; mais après l'o-pération, il faut séparer par une virgule, sur la droite du produit, autant de chiffres qu'il y avait de chiffres déci-maux aux deux facteurs (16).

EXEMPLES :

Combien coûteraient ,

1.° 564^m,25 *d'un ouvrage, à* 16 fr. *le mètre ?*

2.º 845 kilòg. *de laine*, à 3 fr. 45 c. le kilo ?

564,ᵐ25		845,ᵏ645	
16		3, 45	
3385	5o	4228	225
5642	5	33825	8o
		253693	5
9028, ᶠoo			
		2917,47	525

DIVISION.

35. La division est une opération par laquelle on se propose de partager un nombre donné, 12 par exemple, en autant de parties égales qu'il y a d'unités dans un au-tre, comme 6, comme 4, etc.

Mais pour généraliser la division, vous direz que *di-viser un nombre par un autre, c'est chercher un troisième nom-bre qui soit au premier comme l'unité est au second.*

36. Le nombre à partager ou diviser se nomme *divi-dende*; celui par lequel on divise, se nomme *diviseur*, et le résultat de l'opération se nomme *quotient*. Dans l'exem-ple ci-dessus, 12 sera le dividende; 6 ou 4 le diviseur; et 2 ou 3 le quotient.

37. Dans toute division de nombres entiers, observez les principes suivans :

1º *Écrivez premièrement le dividende, et à sa droite le diviseur, en les séparant par un trait vertical. Tirez ensuite sous le diviseur un trait horizontal au dessous duquel vous écrirez le quotient.*

2º *Prenez sur la gauche du dividende autant de chiffres qu'il en faut pour contenir le diviseur; cherchez combien de fois ce dividende partiel contient tout le diviseur, et portez le chiffre de la réponse à la place marquée pour le quotient (ce chiffre ne pourra jamais être au-dessus de 9); multipliez*

2

tout le diviseur par le chiffre trouvé pour le quotient ; portez le produit de cette multiplication sous le dividende partiel déjà pris ; faites une soustraction.

3° A la droite du résultat de cette soustraction, abaissez le chiffre qui vient immédiatement après le premier dividende partiel : vous aurez ainsi un nouveau dividende partiel : à l'égard duquel vous agirez absolument comme à l'égard du premier, en observant d'écrire le chiffre de cette seconde réponse à la droite de celui déjà mis au quotient.

4° Vous continuerez absolument de la même manière jusqu'à ce que tous les chiffres du dividende total aient été successivement abaissés et divisés.

EXEMPLES :

4 mètres de toile ont coûté 12 fr. ; à combien était le mètre ?

$$\begin{array}{r|l} \textit{Dividende}: 12 & 4 : \textit{Diviseur.}\\ 12 & 3 : \textit{Quotient.}\\ \hline 00 \end{array}$$

Six personnes veulent se partager la somme de 8556 fr. Combien reviendra-t-il à chacune ?

$$\begin{array}{r|l} \textit{Dividende}: 8,5,5,6 & 6 : \textit{Diviseur.}\\ 6 & 1426 : \textit{Quotient.}\\ \hline 25 \\ 24 \\ \hline 15 \\ 12 \\ \hline 36 \\ 36 \\ \hline 00 \end{array}$$

Au premier exemple, je dis : en 12 combien de fois 4 ? Il y est 3 fois ; j'écris 3 au quotient (sous le diviseur) ; je multiplie le diviseur 4 par le quotient 3, en portant le produit 12 sous le dividende ; enfin, je fais la soustraction. Comme ici je n'ai aucun reste, et que le dividende est épuisé, la division est terminée ; et je conclus que le prix du mètre de toile est 3 francs.

Au second exemple, je commence par séparer le 8, à gauche du dividende, pour premier dividende partiel, et je dis, comme plus haut : en 8 combien de fois 6 ? *Réponse :* Une fois ; j'écris 1 au quotient ; je multiplie le diviseur 6 par le quotient 1 ; je porte le produit 6 sous le dividende partiel 8 ; je fais la soustraction, et j'ai pour reste 2.

A la droite du reste 2, j'abaisse le 5 qui vient immédiatement après 8 déjà divisé, ce qui me donne 25 pour second dividende partiel. En agissant à l'égard de 25 absolument comme à l'égard de 8, j'ai 4 pour quotient que j'écris à la droite de 1, et 1 pour reste.

En abaissant successivement les deux derniers chiffres 5 et 6 du dividende total, et en les traitant absolument comme le 5 précédemment abaissé, j'ai pour quotient total 1426.

Soient encore quelques exemples, dans lesquels on gardera la même conduite que précédemment, quoique le diviseur soit de plusieurs chiffres.

864 fr. *sont le prix de* 54 *quartes de blé ; à combien était la quarte ?*

$$
\begin{array}{r|l}
86,4 & \underline{54} \\
54 & 16. \\
\hline
324 & \\
324 & \\
\hline
000 &
\end{array}
$$

Combien achèterait-on d'hectolitres de blé, à raison de 25 fr. l'hectolitre, avec 11675 fr. ?

$$\begin{array}{r|l} 11675 & 25 \\ 100 & \overline{467.} \\ \hline 167 & \\ 150 & \\ \hline 175 & \\ 175 & \\ \hline 000 & \end{array}$$

Combien pourrait dépenser par jour un homme qui aurait 5840 fr. de revenu par an ? (Nous supposons ici l'année de 365 jours.)

$$\begin{array}{r|l} 5840 & 365 \\ 365 & \overline{16.} \\ \hline 2190 & \\ 2190 & \\ \hline 0000 & \end{array}$$

Un roi veut employer 4887568 fr. à lever un corps de ca-valerie, à raison de 578 fr. par cavalier. Combien aura-t-il d'hommes ?

$$\begin{array}{r|l} 4887,568 & 578 \\ 4624 & \overline{8456.} \\ \hline 2635 & \\ 2312 & \\ \hline 3236 & \\ 2890 & \\ \hline 3468 & \\ 4468 & \\ \hline 0000 & \end{array}$$

38. Si le dividende et le diviseur étaient terminés par des zéros, on pourrait en effacer un égal nombre sur la droite des deux termes ; cela ne change rien au quotient. Qui ne voit en effet que 40 divisé par 10, par exemple, est la même chose que 4 divisé par 1 ?

39. Jusqu'ici le dividende a contenu le diviseur un égal nombre de fois, sans aucun reste. Voici ce qu'il faut faire dans le cas où la division laisse un reste.

Il y a deux manières de traiter le reste laissé par une division.

1° Écrivez d'abord le signe + à la droite du quotient, et après le signe +, écrivez le reste laissé ; tirez un trait sous ce reste ; et enfin portez le diviseur sous le trait que vous venez de tirer.

2° D'après le n° (12), je vois que je puis convertir le reste laissé ou en dixièmes, ou en centièmes, ou en millièmes, etc. ; c'est-à-dire ajouter ou un, ou deux, ou trois zéros à la droite du reste. On pourrait donc alors continuer la division à l'infini, s'il était nécessaire ; mais comme les chiffres obtenus au quotient seraient des décimales, il faudrait avoir soin de les séparer des entiers par une virgule (14).

EXEMPLES :

25 fr. sont le prix de 6 mètres d'étoffe ; à combien est le mètre ?

$$25^{\text{fr.}} \;\big|\; 6$$
$$\underline{24} \qquad 4^{\text{fr.}} + \tfrac{4}{6} = 4,^{\text{fr.}} 166$$

Dixièmes...... 10
$$\underline{6}$$
Centièmes........ 40
$$\underline{36}$$
Millièmes 40
$$\underline{36}$$
$$4$$

Divisant 25 par 6, on a 4 pour quotient, et 1 pour reste ; le quotient est donc 4 plus quelque chose : or, on conçoit sans peine que le reste 1 doit alors être partagé en autant de parties qu'il y a d'unités au diviseur, ici 6, et qu'ainsi le quotient sera, pour chaque mètre du diviseur, $4 + \frac{1}{6}$, ce qui signifie : *quatre plus un sixième.*

D'un autre côté, je puis convertir le reste 1 en dixièmes ; les dixièmes en centièmes, etc., et continuant alors la division absolument comme à l'ordinaire (37), j'ai encore pour quotient 4,166... équivalent à $4 + \frac{1}{6}$.

Nota. Lorsqu'on veut obtenir un quotient en décimales, il est d'usage de s'arrêter, quand on a trouvé le chiffre des centièmes ; mais alors il faut augmenter de 1 seulement le chiffre auquel on s'arrête, si le chiffre négligé aux millièmes est 6 ou au-dessus.

40. DIVISION DÉCIMALE. Lorsque le dividende et le diviseur renferment un égal nombre de décimales, on fait l'opération absolument comme s'il n'y avait point de virgule, et d'après les règles ordinaires (37. 38. 39) : il n'y aura rien à changer au quotient.

EXEMPLES :

52,[fr.] 56 *sont le prix de* 8,[can.]75 *de planche ; à combien est la canne ?*

$$
\begin{array}{r|l}
52,56 & 8,76 \\
\underline{52\ 56} & 6. \\
\end{array}
$$
$$
\overline{\text{oo oo}}
$$

14085,[fr.] 25 *sont le prix d'une quantité de blé, à* 25,[fr.]75 *l'hectolitre ; combien y avait-il d'hectolitres ?*

$$
\begin{array}{r|l}
14085{,}25 & \,25{,}75 \\
12875 & \overline{\quad 547.} \\
\hline
12102 & \\
10300 & \\
\hline
18025 & \\
18025 & \\
\hline
00000 & \\
\end{array}
$$

41. Si le dividende seul a des décimales, on fait encore l'opération comme s'il n'y avait point de virgule ; mais comme le dividende est alors devenu ou 10, ou 100, ou 1000, etc., fois plus fort (16), il faudra séparer sur la droite du quotient, par une virgule, autant de chiffres qu'il y avait de décimales au dividende.

Si au contraire le diviseur seul a des décimales, on opère aussi sans aucun égard à la virgule ; mais on avance alors la virgule vers la droite du quotient d'autant de places qu'il y avait de décimales au diviseur.

Si enfin un des termes de la division (le dividende ou le diviseur) a moins de décimales que l'autre, on égalise d'abord par une addition de zéros, le nombre des décimales dans les deux termes, et l'on agit alors comme au n° (40.)

On pourrait encore dans ce dernier cas faire l'opération sans aucun égard à la virgule de part ni d'autre ; mais après l'opération il faudrait séparer par une virgule sur la droite du quotient autant de chiffres qu'il y aurait de décimales de plus au dividende qu'au diviseur, ou bien avancer la virgule vers la droite du quotient d'autant de places qu'il y aurait de décimales de plus au diviseur qu'au dividende.

EXEMPLES :

21,$^{fr.}$44 sont le prix de 4,$^{m.}$ de toile. A combien est le mètre ? PREMIER CAS.

74 fr. *sont le prix de* 14,ᴸ·80 *de mur. A combien est la toise ?* SECOND CAS.

14,ᶠʳ·840 *sont le prix de* 3,ᵗᵗ5 *de coton. A combien est la livre ?* TROISIÈME CAS.

24,ᶠʳ·35 *sont le prix de* 8,ˡⁱᵗ·546 *de vin. A combien était le litre ?* TROISIÈME CAS ENCORE.

$$
\begin{array}{r|l}
21,^{fr\cdot}44 & 4 \\
14 & 5,36 \\
24 & \\
00 &
\end{array}
\qquad
\begin{array}{r|l}
7400 & 1480 \\
0000 & 5. \\
\end{array}
$$

$$
\begin{array}{r|l}
14,^{fr}840 & 3,5 \\
84 & 4,24 \\
140 & \\
000 &
\end{array}
\qquad
\begin{array}{r|l}
24,^{fr\cdot}350 & 8,546 \\
72580 & 2,84.... \\
42120 &
\end{array}
$$

42. MANIÈRES D'ABRÉGER LA DIVISION. La division s'abrège en effectuant de tête les diverses soustractions dont l'opération se compose, à mesure que l'on fait les multiplications partielles du diviseur par le quotient. Les quatre exemples précédens sont faits d'après ce principe.

Lorsque le diviseur seul est terminé par des zéros, on les efface, mais en même temps on sépare sur la droite du dividende, par une virgule, autant de chiffres qu'il a été effacé de zéros au diviseur ; on n'a ensuite qu'à diviser à l'ordinaire (37. 38. 39.) par les chiffres significatifs du diviseur.

Preuves de la Multiplication et de la Division.

PREUVE DE LA MULTIPLICATION. La seule preuve solide de la multiplication consiste à diviser le produit par un quelconque de ses deux facteurs : le quotient doit toujours être l'autre facteur.

Mais on est dans l'usage de vérifier le plus souvent la multiplication au moyen de la *preuve par* 9, quoique peu sûre. Voici comment elle se pratique :

1° Tracez une grande croix ; 2° additionnez les chiffres du multiplicande comme des unités simples, et divisez la somme par 9; écrivez dans l'angle gauche supérieur de la croix le reste de la division ; 3° agissez sur le multiplicateur comme vous venez de le faire sur le multiplicande, en écrivant le reste de votre seconde division sous celui du multiplicande ; 4° multipliez ces deux restes l'un par l'autre, en divisant ensuite leur produit aussi par 9; portez le reste de cette troisième division à l'angle supérieur à droite de la croix; 5° enfin additionnez les chiffres du produit comme ceux des facteurs; divisez cette dernière somme par 9. L'opération est censée bonne, si le reste laissé par cette dernière division est le même que le 3°.

44. PREUVE DE LA DIVISION. Puisque le quotient exprime combien de fois le dividende contient le diviseur, si l'opération est bonne, le produit du diviseur par le quotient doit égaler le dividende.

FRACTIONS.

45. Nous savons déjà (2) qu'une fraction est une expression numérale qui ne désigne que des parties de l'unité.

Si la division de l'unité est faite suivant les lois du système décimal (9. 11.), comme *trois dixièmes, cinq centièmes*, etc., la fraction est dite *décimale*. Dans tout autre cas, comme *trois septièmes, neuf douzièmes*, etc., la fraction est dite *ancienne* ou *ordinaire*.

46. Toute fraction présente deux idées, *l'idée du nombre des parties qui ont été faites de l'unité*, et l'*idée du nombre de parties que l'on prend*.

47. Toute fraction exige donc deux termes pour être énoncée, l'un, appelé *numérateur*, pour dire combien on

preud de parties de l'unité ; et l'autre, appelé *dénominateur*, pour dire en combien de parties l'unité a été partagée.

Le numérateur et le dénominateur se nomment aussi les *termes* de la fraction.

48. Quand on représente les deux termes d'une fraction par des chiffres, le dénominateur s'écrit sous le numérateur, en les séparant par le signe de la division. Dans le système décimal, la virgule dispense d'écrire le dénominateur.

Pour dire donc qu'une unité (*livre*, *toise*, etc.) a été partagée en *huit* parties et que j'en prends *cinq*, j'écris : ⅝ ou $\frac{5}{8}$; 5 est le numérateur, et 8 le dénominateur.

49. Les deux termes d'une fraction en chiffres, s'énoncent absolument, et chacun en particulier, comme les nombres entiers (10), en donnant cependant la terminaison *ième* au dénominateur ; ainsi, ⅝, déjà cités, s'énoncent par *cinq huitièmes*; 9/25 signifient *neuf vingt-cinquièmes*, etc.

Néanmoins, quand le dénominateur est 2 ou 3 ou 4, on dit : un *demi*, un *tiers*, un *quart*, et non *un deuxième*, *un troisième*, etc.

50. La valeur d'une fraction dépend toujours de deux circonstances : 1° du nombre de parties que l'on prend; 2° de la grandeur de ces parties; ainsi, ⅝ valent plus que ⅜ ; ⅜ vaudront plus que 5/10 , etc.

51. Donc, toute fraction augmente, quand on augmente son numérateur ou que l'on diminue son dénominateur ; et elle diminue, lorsqu'on diminue son numérateur, ou que l'on augmente son dénominateur.

52. Donc aussi, 1° l'on multiplie une fraction en multipliant seulement son numérateur, ou en divisant son dénominateur sans toucher au numérateur; ainsi, ⅝ × 4

$$= \frac{5 \times 4}{8} = \frac{5}{2}$$

2° On divise une fraction en divisant seulement son numérateur, ou en multipliant son dénominateur seul.

53. Donc encore, la valeur d'une fraction ne changera

pas quand on multipliera ou que l'on divisera ses deux termes par le même nombre; ainsi $\frac{1}{2} = \frac{2}{4} = \frac{4}{8} = \frac{6}{12} = \frac{12}{24} =$ etc., en multipliant ses deux termes par 2, ou par 4, ou par 6, ou par 12, etc.

. Si je divise les deux termes de la fraction $\frac{84}{162}$ par 81, par 27, par 9 et par 3, j'aurai $\frac{84}{162} = \frac{27}{54} = \frac{9}{18} = \frac{3}{6} = \frac{1}{2}$.

54. Diviser les deux termes d'une fraction par le même nombre, c'est ce qu'on nomme *simplifier* une fraction, ou bien *réduire une fraction à son expression la plus simple*; en effet, on conçoit bien mieux $\frac{1}{2}$ que $\frac{84}{162}$.

Le nombre qui divise les deux termes d'une fraction, se nomme *diviseur commun* aux deux termes de la fraction.

55. Tout nombre divisible par 2, s'appelle *nombre pair*.

56. Tout nombre qui n'a d'autre diviseur que lui-même ou l'unité, comme 1, 2, 3, 5, 7, 11, 13, 17, 19, 23, etc., s'appelle nombre *premier* ou *impair*.

57. Tout nombre terminé par 2, 4, 6, 8 ou zéro, est divisible par 2.

Tout nombre terminé par zéro ou par 5, est divisible par 5.

Tout nombre, dont les chiffres ajoutés comme des unités simples forment une somme divisible par 3, par 6 ou par 9, est divisible par 3, par 6 ou par 9.

58. Si les deux termes d'une fraction n'ont pas le même diviseur, comme $\frac{5}{8}$, $\frac{7}{9}$, $\frac{8}{15}$, etc., ces termes sont dits *premiers entre eux* : de telles fractions sont toujours irréductibles.

59. De tous les diviseurs communs, il faut toujours prendre le plus grand, comme conduisant de suite au résultat cherché.

60. Du principe (53) il résulte que l'on peut réduire plusieurs fractions à avoir le même dénominateur, sans en changer la valeur. On voit qu'il n'y a alors qu'à multiplier les deux termes de chaque fraction par le dénominateur de toutes les autres; ainsi, $\frac{3}{4} + \frac{5}{8} = \frac{24}{32} + \frac{20}{32}$; de même $\frac{4}{7} + \frac{2}{9} + \frac{6}{11} = \frac{396}{693} + \frac{154}{693} + \frac{378}{693}$.

Lorsque les dénominateurs de plusieurs fractions, à réduire au même dénominateur, sont tous facteurs du plus grand d'entre eux ou d'un autre nombre, on obtient le dénominateur commun, en multipliant les deux termes de chaque fraction par le nombre qui élève le dénominateur primitif au dénominateur commun donné ou connu; c'est ainsi que $\frac{1}{2} + \frac{2}{3} + \frac{5}{6} = \frac{3}{6} + \frac{4}{6} + \frac{5}{6}$; c'est ainsi encore que $\frac{2}{3} + \frac{1}{4} + \frac{7}{8} = \frac{16}{24} + \frac{6}{24} + \frac{21}{24}$, etc.

Addition des Fractions.

61. L'on ne peut jamais ajouter que des quantités de même espèce (18); donc aussi l'on ne peut ajouter que des fractions de même dénominateur.

Si donc les fractions à ajouter n'avaient pas le même dénominateur, il faudrait préalablement les ramener à cet état (60); et alors l'addition des fractions *consiste à ajouter tous les numérateurs d'après les règles ordinaires* (19) *et à donner à la somme le dénominateur commun pour dénominateur.*

Ainsi, $\frac{1}{2} + \frac{2}{3} + \frac{5}{6} + \frac{7}{8} =$ d'abord (60) $\frac{12}{24} + \frac{16}{24} + \frac{20}{24} + \frac{21}{24} = \frac{69}{24}$.

62. S'il fallait ajouter des entiers suivis de fractions, comme $(5 + \frac{1}{4}) + (8 + \frac{5}{9})$, il faudrait préalablement réduire les entiers en fractions, ce qui se fait en multipliant l'entier par le dénominateur de la fraction qui le suit et en ajoutant le produit au numérateur de la même fraction, ce qui donne alors une expression fractionnaire (2); ainsi, l'exemple déjà cité se ramène à $\frac{21}{4} + \frac{77}{9}$; réduisant au même dénominateur, on a $\frac{189}{36} + \frac{308}{36} = \frac{497}{36}$.

63. Lorsque le résultat de l'addition des fractions est un nombre fractionnaire, on dégage les entiers que l'expression renferme, en divisant (37) le numérateur par le dénominateur; ainsi $\frac{69}{24} = 2 + \frac{21}{24} = 2,875$; de même $\frac{497}{36}$, déjà vus aussi, égalent $13 + \frac{29}{36} = 13,805....$

Soustraction des Fractions.

64. La soustraction des fractions ne peut s'effectuer qu'avec des fractions de même dénominateur. L'opération consiste alors à ôter le numérateur de la plus petite du numérateur de la plus grande, et à donner au résultat le dénominateur commun pour dénominateur; ainsi, $5/4$ — $5/16 = 48/64 — 20/64 = 28/64$.

65. Si la soustraction doit s'effectuer avec des entiers suivis de fractions, comme $(12 + 5/8) — (8 + 1/4)$, on peut agir de deux manières : ou bien, on réduit les entiers en fractions (62) et l'on a $101/8 — 35/4$, ce qui donne $404/32 — 264/32 = 140/32 = 4 + 12/32 = 4 + 5/8$ (en simplifiant) $= 4,375$; ou bien l'on ôte la fraction de la fraction (64) et l'entier de l'entier (21), ce qui donne ici $(12 + 20/32) — (8 + 8/32)$; disposant enfin les quantités comme à l'ordinaire (22), on a

$$
\begin{array}{r}
12 + 20/32 \\
8 + 8/32 \\
\hline
4 + 12/32
\end{array}
$$

66. Si la fraction inférieure était plus forte que celle qui lui correspond, il faudrait emprunter sur l'entier supérieur 1 unité, que l'on multiplie par le dénominateur commun, en ajoutant le produit au numérateur de la fraction supérieure, ce qui permet enfin d'opérer la soustraction à l'ordinaire (64); ainsi, $(25 + 5/7) — (8 + 4/5)$ $=$ d'abord $(25 + 15/35) — (8 + 28/35)$; empruntant 1 sur 25, l'expression $(25 + 15/35) = (24 + 50/35)$; dès-lors $(25 + 15/35) — (8 + 28/35) = (24 + 50/35) — (8 + 28/35)$ $=$ enfin, $16 + 22/35 = 16,628....$

Multiplication des Fractions.

67. Pour multiplier une fraction ou une expression fractionnaire par une autre, il n'y a qu'à multiplier le

numérateur de l'une par le numérateur de l'autre, et le dénominateur de la première par le dénominateur de la seconde. La raison de ce procédé se déduit de la définition générale de la multiplication (27) et du n° (52); il n'est pas nécessaire ici de réduire les fractions au même dénominateur. Ainsi, $\frac{8}{9} \times \frac{5}{6} = \frac{40}{54} = \frac{20}{27}$ en simplifiant (ce qu'il faut toujours faire), lorsque cela est possible (54 et suiv.).

68. La multiplication des entiers suivis de fractions, comme $(8 + \frac{4}{7}) \times (9 + \frac{7}{9})$, peut s'opérer de deux manières (29...3°); mais nous n'indiquerons ici que la plus facile, laquelle consiste *à réduire d'abord les entiers en fraction* (62), *et à multiplier ensuite les deux nouvelles expressions l'une par l'autre, comme il vient d'être dit* (67); ainsi, $(8 + \frac{4}{7}) \times (9 + \frac{7}{9}) = \frac{60}{7} \times \frac{88}{9} = \frac{60 \times 88}{7 \times 9}$ $= \frac{5280}{63} = 83,80....$

Division des Fractions.

69. Pour diviser une fraction ou un entier par une fraction, il n'y a qu'à *mettre d'abord les deux termes de la fraction diviseur l'un à la place de l'autre, et qu'à multiplier ensuite le dividende* (29. 52. 67) *par le diviseur ainsi renversé*, ou en d'autres termes, *il faut diviser le dividende* (52) *par le numérateur du diviseur, et multiplier le quotient par le dénominateur du même diviseur*. (Voir n° 35, la définition la plus générale de la division.)

Ainsi, $\frac{8}{15}$ divisés par $\frac{7}{8}$ égalent $\frac{8}{15} \times \frac{8}{7} = \frac{8 \times 8}{15 \times 7}$ $= \frac{64}{105} = 0,609.$

Pareillement, 25 divisé par $\frac{5}{9} = 25 \times \frac{9}{5} = \frac{25 \times 9}{5}$ $= \frac{225}{5} = 45.$

70. Si l'on a un entier suivi d'une fraction à diviser par un autre entier suivi aussi d'une fraction, on réduit d'abord les entiers en fractions, et puis, l'on fait la division comme

il vient d'être prescrit (69); par exemple, *combien coûte le mètre d'un drap, lorsque* $5^m + 5/4$ *coûtent* $144^{tt} + 9/10$?

Après avoir réduit les entiers en fraction, j'ai $1449/10$ à diviser par $23/4$, et enfin $1449/10$ à multiplier par $4/23$, ce qui donne $5796/230 = 25 + 46/230 = 25 + 1/5 = 25,^{fr.}20$ pour le prix demandé.

Fractions de Fractions.

71. On appelle *fraction de fraction* une fraction exprimant une ou plusieurs parties d'une autre fraction, comme les $3/4$ de $2/7$, ce qui signifie qu'il faut prendre trois fois le quart de $2/7$; or, cela s'obtient (52) en multipliant $2/7$ par $3/4$ (67), et l'on a ici $\dfrac{2 \times 3}{7 \times 4} = \dfrac{6}{28}$

D'après cela, les $2/3$ des $3/4$ de $4/5$ d'un petit écu ou de 60 sous égalent $4/5 \times 3/4 \times 2/3 = 24/60 = 2/5$.

Réduction des Fractions anciennes en Fractions décimales.

72. Le numérateur d'une fraction peut être considéré comme le reste d'une division (39) dans laquelle le dénominateur était le diviseur.

Donc pour convertir une fraction ancienne en fractions décimales, il n'y a qu'à pratiquer ce qui a été prescrit (39 — 2.°) pour la conversion des restes laissés par une division, en observant d'écrire toujours zéro à la place des entiers du quotient (14); c'est ainsi que $7/8 = 0,875$; que $5/16 = 0,1875$, etc.

73. Il arrive bien souvent que la réduction d'une fraction ordinaire en décimales finit par présenter sans cesse les mêmes restes et les mêmes chiffres au quotient; alors la réduction ne se terminerait jamais. Nous avons vu (39 — *Nota*) ce qu'il est d'usage de pratiquer en pareil cas.

74. On appelle *fraction décimale périodique simple* celle dont la période (retour des mêmes quotiens) commence immédiatement après la virgule, telle que $0,333....$ ou que $0,285714285......$

On nomme fraction *décimale périodique mixte* celle dont la période ne commence pas immédiatement après la virgule ; telle est 0,1666…. ; telle est encore 0,91666…. ; etc.

NOMBRES COMPLEXES.

75. Un nombre complexe (2), comme $2^{tt} 8^{s}$, ou comme $5^{t} 4^{p.} 8^{p.}$, etc., peut toujours se convertir en une expression fractionnaire, et dès-lors le calcul de pareils nombres se réduit à ce qui a été dit sur les fractions ordinaires.

Nous allons cependant exposer le calcul des nombres complexes en son entier, pour la satisfaction de ceux qui auraient à regretter de ne pas le trouver ici. Il est indispensable dans tous les cas de se familiariser avec nos divers poids et mesures.

Addition complexe.

76. L'addition complexe se commence aussi par la droite, en ajoutant par conséquent d'abord les sous-multiples de la plus petite espèce. Si la somme de ces sous-multiples n'égale pas une unité d'une unité supérieure, on l'écrit telle qu'on la trouve ; mais si cette somme renferme des unités d'une espèce supérieure, on retranche ces unités pour les porter à la colonne de leur espèce, en écrivant sous le trait le chiffre qui résulte de la soustraction.

On agit de la même manière de sous-multiples en sous-multiples jusqu'aux entiers, que l'on additionne à l'ordinaire (19).

EXEMPLES :

8^{toises}	$4^{p.}$	$7^{p.}$	$8^{lig.}$		5^{tt}	9^{s}	$8^{d.}$
12	2	9	10		10	14	7
25	3	8	5		24	15	5
0	5	10	9		278	9	11
$47^{t.}$	$5^{p.}$	$0^{p.}$	$8^{l.}$		319^{tt}	9^{s}	$7^{d.}$

Au premier de ces exemples, je dis, à partir de la droite, $8 + 10 = 18$; $18 + 5 = 23$; $23 + 9 = 32$ lignes; mais 32 lig. valent 2 pouces 8 lignes; j'écris donc 8 lig. seulement, et je retiens 2 pouces, que je porte aux pouces, dont la colonne donne alors 36 pouces : 36 p. valent 3 pieds juste; j'écris alors zéro sous les pouces, et je porte 3 aux pieds, dont la colonne égale ainsi 17 pieds : 17 pieds valent deux toises 5 pieds; j'écris 5 sous les pieds, et je porte 2 aux toises, dont la somme est enfin 47. J'ai donc pour somme totale : 47ᵗ. 5ᵖ. 0ᵖ. 8ˡⁱᵍ.

SOUSTRACTION COMPLEXE.

77. La soustraction complexe doit se commencer aussi par la droite, en ôtant les sous-multiples inférieurs d'une espèce des sous-multiples supérieurs correspondans, en observant toujours ce qui a été prescrit pour les entiers (22 — 3°), lorsqu'un sous-multiple inférieur exige un emprunt pour son correspondant supérieur.

EXEMPLES :

de 345ᵗᵗ	10ˢ	5ᵈ
ôtez 96	18	9
il reste. . 248ᵗᵗ	11ˢ	8ᵈ

Un homme est né le 15 août 1795; quel âge aura-t-il le 1ᵉʳ mai 1835?

Je dois écrire :

de 1834ᵃⁿˢ	4ᵐᵒⁱˢ	0ʲᵒᵘʳˢ
ôtez 1794	7	15
il aura. . 39ᵃⁿˢ	8ᵐ.	15ʲ.

MULTIPLICATION COMPLEXE.

78. Observez ici les principes suivans :
1° *N'intervertissez jamais l'ordre naturel des facteurs.*

2° *Multipliez les entiers du multiplicande par les entiers du multiplicateur* (29 et suivans).

3° *Multipliez ensuite les sous-multiples du multiplicande par les entiers du multiplicateur, en divisant ces entiers par les parties aliquotes de l'unité du multiplicande contenues dans les sous-multiples de ce multiplicande.*

4° *Enfin, multipliez tout le multiplicande par les sous-multiples du multiplicateur, en divisant le multiplicande par les parties aliquotes de l'unité du multiplicateur, contenues dans les sous-multiples de ce multiplicateur.*

Définition des parties aliquotes : On appelle *parties aliquotes* d'un nombre, certaines parties de ce nombre, qui, répétées un certain nombre de fois, reproduisent ce même nombre : 1, 2 et 3 sont des parties aliquotes de 6, par exemple; 1, 2, 3, 4 et 6 sont aliquotes de 12; 1, 2, 3, 4, 6, 8 et 12 sont parties aliquotes de 24, etc., etc.; 1 est le 6ᵉ de 6 ; le 12ᵉ de 12 ; 2 est le tiers de 6 ; le 6ᵉ de 12, etc.

EXEMPLES :

Quel est le montant de 35 toises 4 pieds 7 pouces d'un ouvrage, à raison de 8 livres 17 sous la toise ?

$$8^{tt}\ 17^s$$
$$35^t\ 4^p\ 7^p$$

1° Entiers : 8 × 35 = ...	40ᵗᵗ 00ˢ 00ᵈ	
	24 00 00	

2° sous-multiples du multiplicande.
- 1° Pour 10ˢ je prends 5 5/2 . . . . . = 17 10 00
- 2° .... 5ˢ .... 4 7/2 + 10/2 = 8 15 00
- 3° .... 1ˢ .... 8/5 + 15/5 = 1 15 00
- 4° .... 1ˢ .... *idem* = 1 15 00

3° sous-multiples du multiplicateur.
- 5° .... 3 pieds .... $\dfrac{8^{tt} + 17^s}{2}$ = 4 8 6
- 6° .... 1ᵖ .... le tiers de 3ᵖ = 1 9 6
- 7° .... 6 pouces .... la moitié d'1 pied = 0 14 9
- 8° .... 1ᵖ .... le 6ᵉ de 6 pouces = 0 2 5ᵈ 3/6

$$316^{tt}\ 10^s\ 2^d\ 1/2$$

Une aune de drap coûte 18^{tt} 14^s 5^d ; *combien coûteront*
5 aunes ³/₄ *et* ⁵/₈ *du même drap ?*

$$18^{tt} 14^s 5^d$$
$$5^a \quad {}^3/_4 \quad {}^5/_8$$

1° Entiers : 18 × 5 = ...	90^{tt}	0^s	0^d	
2° pour 10 sous je prends ³/₂ = ...	2	10	0	
3° .. 4 sous .... ⁵/₃ = ...	1	0	0	
4° .. 1 sou .... ¹/₄ de 4^s (produit auxil.) =	0	5	0	
5° .. 4 den. .... ¹/₃ de 1^s = ...	0	1	8	
6° .. 1 den. .... ¹/₄ de 4^d = ...	0	0	5	
7° .. ²/₄ d'aun. .... ¹/₂ du multiplicande... =	9	7	2	¹/₂
8° .. ¹/₄ d'aun. .... ¹/₂ du prod. précédent =	4	13	7	¹/₄
7° .. ⁴/₈ d'aun. .... ¹/₂ encore du mult.^{de}... =	9	7	2	¹/₂
8° .. ¹/₈ d'aun. .... ¹/₄ du produit précéd. =	2	6	9	⁵/₈

$$119^{tt} \, 6^s 10^d \, {}^7/_8$$

Nota. Pour passer d'un sous-multiple à un autre,
comme dans l'exemple précédent, on a souvent besoin
d'un produit fictif ou *auxiliaire*. On doit avoir l'attention
de ne pas additionner ce produit avec les autres.

DIVISION COMPLEXE.

79. La division des nombres complexes présente deux
cas : *lorsque le dividende et le diviseur sont de la même espèce,*
et lorsque le dividende et le diviseur ne sont pas de la même
espèce.

Nota. Dans les deux cas dont nous allons nous occu-
per, les restes laissés par la division devront se convertir
en *sous-multiples de l'unité du quotient.* On peut lui appli-
quer aussi le principe (39).

80. PREMIER CAS. Convertissez le dividende et le diviseur en deux expressions fractionnaires ayant chacune
pour dénominateur le nombre qui exprime combien de

fois l'unité contient le plus petit des sous-multiples de la question proposée. Supprimez ensuite le dénominateur commun dans le dividende et le diviseur, et divisez enfin les deux numérateurs l'un par l'autre à l'ordinaire (37).

EXEMPLES :

La toise d'un ouvrage coûte 8 ^{tt} 14 ^{s}, *combien aura-t-on de toises du même ouvrage avec* 1006 ^{tt} 13 ^{s} 3 ^{d} ?

Je réduis d'abord le dividende et le diviseur en deux expressions fractionnaires ayant même dénominateur, ce que j'obtiens en observant que 1 ^{tt} = 240 deniers (le plus petit des sous-multiples de notre question), et que dès-lors 8 ^{tt} 14 ^{s} valent $^{2088}/_{240}$.

D'après la même observation, 1006 ^{tt} 13 ^{s} 3 ^{d} = $^{241599}/_{240}$.

Supprimant de part et d'autre le dénominateur 240 (53), je n'ai plus qu'à diviser (37) 241599 par 2088.

241599	2088.
3279	115 $^{t.}$ 4 $^{p.}$ 3 $^{p.}$
11919	

1er Reste. 1479

Pour le convertir en pieds je le
   multiplie par. 6
                  8874

2e Reste. 522

Je le convertis en pouces, en le
   multipliant par. 12
                  1044
                  522
                  6264
                  6264
                  0000

La quarte du blé étant à 15 ^{tt} 12 ^s 8 ^d, *combien aurions-nous de quartes du même blé avec* 5340 fr. ?

Il n'y a ici de complexe que le diviseur, lequel égale $^{3752}/_{240}$. On a alors 5340 à diviser par une fraction ; appliquant donc d'abord le principe (69), et subséquemment, le *nota* du principe (79), j'ai pour réponse : 341 quartes, 2 quartons, 1 boisseau, et près de ¼ de boisseau.

L'hectolitre du blé se vend 25 ^{tt}, *combien aurait-on d'hectolitres du même blé avec* 1209 ^{tt} 10 ^s ?

Ici, le dividende seul est complexe, et il vaut $^{290280}/_{240}$.

Multipliant le dénominateur 240 (52 — 2°) par le diviseur 25, j'ai pour première réponse $^{290280}/_{6000}$, et pour deuxième, 48 hectol., 38.

81. SECOND CAS. Dans ce cas, ou bien le diviseur est incomplexe, ou bien il est complexe.

1° Si le diviseur est incomplexe, on n'a qu'à réduire le dividende en une expression fractionnaire, que l'on divisera à l'ordinaire (52 — 2°).

2° Si le diviseur est complexe, on le convertit en une expression fractionnaire, et l'on divise ensuite le dividende absolument comme il a été prescrit pour les fractions (69).

EXEMPLES :

1° *A combien est un quintal de laine, lorsque* 300 *quintaux ont été payés* 73782 ^{tt} 10 ^s ?

Réponse : Le dividende 73782 ^{tt} 10 ^s $= \dfrac{17707800}{240}$;

multipliant le dénominateur 240 par 300 (52 — 2°), on a 72000 pour nouveau dénominateur ; divisant enfin 17707800 par 72000, on trouve pour le prix demandé 245 ^{tt}, 18 ^s, 10 ^d.

2° *L'on a donné* 245 ^{tt} 11 ^s 6 ^d *pour* 12 *aunes* ⅝ *et* ⁵/₁₆ *de drap ; à combien était l'aune ?*

Réponse : Le dividende 245 ^{tt} 11 ^s 6 ^d = $^{58958}/_{240}$, et le diviseur 12 ^a ⅝ ⁵/₁₆ = $^{209}/_{16}$. J'ai donc $^{58958}/_{240}$ à diviser par $^{209}/_{16}$; mais d'après le principe (69), il faut multiplier $^{58938}/_{240}$ par $^{16}/_{209}$. Cette multiplication étant faite (67), l'on a enfin $^{943008}/_{50160}$, ce qui donne pour le prix demandé 18 ^{tt} 16 ^{s}.

PUISSANCES DES NOMBRES.

82. On appelle *puissances* d'un nombre les produits de ce nombre multiplié par l'unité ou par lui-même : 16, produit de 4×4, est une puissance de 4; le nombre 64, produit de $4 \times 4 \times 4$, est encore une puissance de 4.

Un nombre multiplié par l'unité est à la première puissance.

Un nombre multiplié une fois par lui-même, est à la seconde puissance ou au *carré*.

Un nombre multiplié deux fois par lui-même, est élevé à la troisième puissance ou au *cube*.

Le nombre, qui a été élevé à une puissance quelconque, se nomme la *racine* de cette puissance; ainsi, 4 est la racine carrée de 16, et la racine cubique de 64, etc.

83. Les neuf premiers nombres, leur carré et leur cube sont :

Nombres : 1. 2. 3. 4. 5. 6. 7. 8. 9.
Carrés.... : 1. 4. 9. 16. 25. 36. 49. 64. 81.
Cubes ... : 1. 8. 27. 64. 125. 216. 343. 512. 729.

84. Les diverses puissances des nombres s'obtenant par le simple procédé de la multiplication, il ne peut y avoir de difficulté à cet égard; mais il y en a pour revenir d'une puissance à sa racine.

Extraction de la racine carrée d'un nombre de plus de deux chiffres.

85. Soit 45, par exemple, à élever au carré. Il est évi-

dent que $45 = 40 + 5$, ou se compose de dixaines et d'unités; donc le carré de 45 ou celui de $40 + 5$ doit être $(40 + 5) \times (40 + 5)$, ce qui donne 1° 5×5 (ou le carré des unités); 2° $40 \times 5 + 40 \times 5$ (ou deux fois les dixaines par les unités); 3° 40×40 (ou le carré des dixaines); donc enfin le carré d'un nombre de deux chiffres se compose 1° *du carré des dixaines;* 2° *du double produit des dixaines par les unités;* 3° *du carré des unités.*

On déduit de cette démonstration que le carré d'un nombre de deux chiffres en a au moins trois, puisque 10, le plus petit nombre de deux chiffres, donne 100 pour son carré; donc aussi, un carré de plus de deux chiffres aura au moins deux chiffres à sa racine.

86. Pour revenir d'un carré de plus de deux chiffres à la racine, observez les principes suivans :

1° Disposez l'opération comme pour la division (37 — 1°).

2° Partagez le nombre donné en tranches de deux chiffres chacune, de droite à gauche. La dernière tranche à gauche pourra souvent n'avoir qu'un chiffre.

3° Cherchez quel est le plus grand carré contenu dans la première tranche à gauche (83); portez la racine de ce carré à la place qui lui est marquée; ôtez enfin ce même carré de la tranche qui le contient.

4° A la droite du résultat de la soustraction précédente, abaissez la tranche restante du carré total. Vous aurez alors un nombre qui contiendra *deux fois les dixaines par les unités et le carré des unités.*

Nous connaissons déjà les dixaines de la racine; donc, puisque le nombre qui nous reste contient deux fois les dixaines par les unités, nous devrons trouver aussi les unités, en divisant par deux fois les dixaines la partie du nombre restant, qui contient le double produit des dixaines par les unités; mais les dixaines produisant toujours des dixaines, leur produit ne sera jamais dans le chiffre des unités du carré; vous séparerez donc d'abord le chiffre des unités du nombre à diviser; vous diviserez ensuite les chiffres restans à gauche par le double des dixaines de la racine ; le quotient sera le chiffre des unités de la racine, si son carré, et son produit par le double des dixaines, égalent le nombre entier dont vous venez de diviser les dixaines.

5° S'il restait d'autres tranches à abaisser, vous agiriez absolument comme pour la tranche dont on vient de parler ; mais il faut toujours prendre tous les chiffres mis à la racine comme n'en faisant qu'un, le chiffre des dixaines, dont on prendra toujours le double pour diviseur.

Soit donc 2025, dont on demande la racine carrée.

$$2025 \mid \underline{45}$$

Reste total.	425
Double des dixaines par les unités. . .	400
Carré des unités.	25
Total de ces deux produits.	425
	000

1° Je fais les tranches ; 2° le plus grand carré contenu dans 20, première tranche à gauche, est 16 que je retranche de 20 ; j'écris 4, racine de 16, à la place qui lui est marquée.

3° A la droite du reste 4, j'abaisse 25 du carré total, ce qui donne 425. Je sépare d'abord 5, le chiffre des unités ; puis je divise 42 par 2 × 4 ou 8, double des dixaines. J'ai 5 pour quotient ; et ce quotient est bon, puisque 8 × 5 et 5 × 5 ou son carré donnent 425, chiffres restans du carré total.

4° Enfin, la racine totale 45 est la véritable, puisque 45 × 45 = 2025.

Soient encore pour exercice $\sqrt{99856}$; $\sqrt{20520900}$.

87. On doit sentir que tous les nombres ne peuvent pas

être des carrés parfaits, c'est-à-dire des carrés dont on obtient la racine sans reste.

Les nombres qui ne sont pas un carré parfait, comme 2, comme 3, comme 24, etc., etc., ont une racine exprimée par un entier et une fraction. Cette espèce de racines se nomme nombre *sourd*, *irrationnel* ou *incommensurable*.

88. Lorsqu'on veut avoir *approximativement* en décimales la racine d'un nombre qui n'est pas un carré parfait, il faut ajouter sur la droite du nombre proposé un nombre de zéros double du nombre des décimales qu'on veut avoir à la racine (34). On fait après cela l'extraction de la racine absolument comme au principe (86).

Si le nombre dont on cherche la racine a des décimales en nombre impair, il faut préalablement rendre ce nombre pair par l'addition d'un ou plusieurs zéros, selon le nombre de décimales qu'on veut avoir à la racine.

89. La racine carrée d'une fraction s'obtient en prenant la racine du numérateur et celle du dénominateur, d'après les règles données (86); ainsi $\sqrt[2]{^{16}/_{36}} = {^4}/_6 = {^2}/_3$.

Si le numérateur seul n'est pas un carré parfait, on en prend la racine approchée (88), en lui donnant pour dénominateur la racine du carré dénominateur.

Si enfin le numérateur au contraire est un carré, et non le dénominateur, on prend la racine du numérateur (86), et la racine approchée du dénominateur (88).

Si enfin aucun des termes n'est un carré parfait, on les multiplie tous les deux par le dénominateur (53); on extrait après cela la racine du numérateur (88), en lui donnant pour dénominateur le dénominateur primitif.

Extraction de la racine cubique d'un nombre de plus de trois chiffres.

90. Pour concevoir encore l'extraction de la racine cubique d'un nombre de plus de trois chiffres, il faut avoir

l'idée la plus précise de ce qui se passe dans la formation du cube d'un nombre composé de dixaines et d'unités.

Soit 45 à élever au cube. Ce cube doit être $(40 + 5) \times (40 + 5) \times (40 + 5)$. En développant ces deux produits, vous trouverez que le cube de 45, et en général le cube de tout nombre composé de dixaines et d'unités, renferme, 1° *le cube des dixaines* ; 2° *trois fois le carré des dixaines par les unités* ; 3° *trois fois les dixaines par le carré des unités* ; 4° *le cube des unités* *.

91. Observez dès-lors pour l'extraction d'une racine cubique qui doit avoir plusieurs chiffres, les principes suivans :

1° Disposez l'opération comme pour l'extraction de la racine carrée (86 — 1°).

2° Partagez le cube donné en tranches de trois chiffres chacun de droite à gauche. La dernière tranche à gauche pourra n'avoir qu'un ou deux chiffres.

3° Cherchez, au moyen du n° (83), quel peut être le plus grand cube contenu dans la première tranche à gauche du cube total donné, retranchez le cube partiel trouvé de la tranche qui le renferme, et écrivez à la place qui lui est marquée, la racine du cube retranché : ce sera la racine des dixaines.

4° A la droite du résultat de la soustraction que vous venez de faire, abaissez la tranche restante du cube total ; séparez les deux chiffres de la droite de votre reste total, comme ne pouvant faire partie du triple carré des dixaines par les unités (car le carré des dixaines donne toujours

---

* L'algèbre représente toutes dixaines par a et toutes unités par b, et le tout par le binome $a + b$. Ce binome, élevé au carré (84), donne $a^2 + 2ab + b^2$. Le même binome $a + b$, élevé au cube, donne $a^3 + 3a^2 b + 3ab^2 + b^3$. Ces deux polynomes sont la traduction de la formation du carré (85) et du cube (90) d'un nombre composé de dixaines et d'unités.

a^2, b^2, etc., signifient *carré de* a, *de* b, etc. ; a^3, b^3, etc., signifient *cube de* a, *de* b, etc. ; ab signifient $a \times b$.

des centaines); élevez au carré la racine déjà trouvée;
multipliez ce carré par 3, et avec ce produit divisez le
nombre qui est à la gauche des deux chiffres déjà séparés
dans le reste total. Le quotient de cette division donnera
la racine des unités; et ce quotient, pour être le véritable,
devra être tel que *son cube*, plus *son produit par le triple
carré des dixaines*, plus *le produit de son carré par le triple
des dixaines* égale le reste total.

5° S'il restait d'autres tranches à abaisser, on les traite-
rait absolument comme celle dont nous venons de parler,
en regardant tous les chiffres déjà mis à la racine comme
n'en formant qu'un, le chiffre des dixaines.

Soit 91125 dont on demande la racine cubique.

$$9\,1.1\,2\,5 \enspace \big\lfloor \underline{45.}$$
$$\underline{6\,4}$$

Reste total. . . . $2\,7\,1.2\,5$
$(40 \times 40) \times 3 \times 5$. 24000
$40 \times 3 \times (5 \times 5)$. 3000
$5 \times 5 \times 5$. 125

Total des divers produits ci-dessus. 27125

1° Je fais les tranches prescrites.

2° Je cherche le plus grand cube contenu dans 91 (83):
c'est 64, dont la racine est 4; ôtant 64 de 91, il reste 27.

3° A côté du reste 27, j'abaisse la tranche 125; j'ai
ainsi pour reste total 27125, dont je sépare les deux premiers chiffres à droite; je carre 4 déjà mis à la racine, et
je multiplie ce carré par 3; avec ce triple carré des dixaines,
je divise 271, seconde partie à gauche du reste total : J'ai
5 pour quotient; pour que ce quotient soit exact, il faut
que *son cube*, plus *son produit par le triple carré des dixaines*,
plus enfin *le produit de son carré par le triple des dixaines*,
égale le reste total du cube proposé. Cela a lieu en effet
ici, et je dis que la racine cubique de 91125 est 45.

Soient encore pour s'exercer $\sqrt[3]{373248}$; $\sqrt[3]{3112136}$.

92. Les racines cubiques incommensurables s'obtiennent par approximation, en ajoutant au cube proposé un nombre de décimales triple de celui des décimales qu'on veut avoir à la racine.

Ainsi $\sqrt[3]{2}$, à un millième près, est $\sqrt[3]{2000000000}$ = (91) 1,259.

93. La racine cubique d'un nombre qui renferme des décimales s'obtient à l'ordinaire, en observant que le nombre de ces décimales doit toujours être ou 3, ou 6, ou 9, etc. (92).

94. La racine cubique d'une fraction s'obtient en prenant à l'ordinaire la racine cubique du numérateur et celle du dénominateur (91); ainsi $\sqrt[3]{8/27} = 2/3$.

Si l'un des termes de la fraction est un cube imparfait, on prend la racine exacte du terme qui est un cube parfait, et la racine approchée du terme qui est un cube imparfait ; ainsi, $\sqrt[3]{2/8} = \dfrac{1,259}{2} = \dfrac{1259}{2000} = 0,6295$.

Si aucun des termes de la fraction n'est un cube parfait, on les multiplie tous deux par le carré du dénominateur (53), et l'on retombe ainsi dans le cas précédent.

DES ÉQUIDIFFÉRENCES, DES PROPORTIONS ET DES PROGRESSIONS.

94. Le résultat de la comparaison de deux quantités s'appelle un *rapport* ou une *raison*.

95. Si l'on cherche de combien une quantité en surpasse une autre ou en est surpassée, le rapport est dit *arithmétique* ou *par différence* : $6 - 4 = 2$ est un rapport arithmétique.

96. Si l'on cherche combien de fois une quantité en contient une autre ou est contenue en elle, le rapport se nomme *rapport géométrique* ou *par quotient*: $^{18}/_{6} = 3$, et $^{6}/_{48}$ = $^{1}/_{8}$ sont deux rapports géométriques.

77. Les deux quantités que l'on compare s'appellent *termes du rapport*. Le terme écrit le premier se nomme *antécédent*; le terme écrit le dernier se nomme *conséquent*.

78. Pour exprimer un rapport quelconque, on écrit les deux termes l'un à la suite de l'autre, séparés par un seul point, quand le rapport est arithmétique, et par le double point, quand le rapport est géométrique; ces points signifient *est à*. Ainsi, le rapport arithmétique $6 - 4$ s'écrit $6 . 4$, et signifie 6 *est à* 4.

Le rapport géométrique $^{18}/_{6}$ s'écrit $18 : 6$, et signifie 18 *est à* 6.

99. Un rapport arithmétique ne change pas, quoique l'on augmente ou que l'on diminue ses deux termes de la même quantité; ainsi, $6 - 4 = 8 - 6 = 2$.

100. Un rapport géométrique ne change pas non plus, quoique l'on multiplie ou que l'on divise ses deux termes par le même nombre; ainsi, $5/10 = 10/20 = 1/2$ (53).

101. ÉQUIDIFFÉRENCE. L'assemblage de deux rapports arithmétiques égaux se nomme une *équidifférence*. Les rapports s'écrivent l'un à la suite de l'autre, séparés par le double point, qui signifie alors *comme*; ainsi, $6 . 4 : 7 . 5$ font une équidifférence, et signifient 6 *est à* 4 comme 7 *est à* 5.

102. PROPORTION. L'assemblage de deux rapports géométriques égaux se nomme une *proportion*. Les deux rapports s'écrivent aussi l'un à la suite de l'autre, mais séparés par quatre points en carré, signifiant *comme*; ainsi, $5 : 10 :: 8 : 16$ sont une proportion, et signifient 5 *est à* 10 comme 8 *est à* 16.

103. Puisque l'équidifférence et la proportion se composent de deux rapports, elles auront deux antécédens et deux conséquens, et l'on dira, dans le premier rapport,

premier antécédent et *premier conséquent*, et dans le dernier rapport, *second antécédent, second conséquent.*

104 Le premier et le dernier terme des équidifférences et des proportions, se nomment les *extrêmes;* les deux termes du milieu se nomment les *moyens.*

105. Lorsque les deux termes moyens sont égaux, comme dans 6.8 : 8. 10, et comme dans 4 : 12 : : 12 : 36, l'équidifférence et la proportion sont dites *continues.*

106. PROGRESSIONS. Une suite de termes tels que le rapport de l'un d'eux avec celui qui le précède soit le même que celui d'un autre quelconque de la même suite avec celui qui le précède, s'appelle une *progression ;* ainsi, ÷ 4.6.8. 10.12. etc., et ÷÷ 1 : 2 : 4 : 8 : 16 : etc., sont des progressions.

La progression arithmétique, comme ÷ 4 . 6 . 8 . 10 . 12. etc., s'appelle *progression par différence.*

La progression géométrique, telle que ÷÷ 1 : 2 : 4 : 8 : 16 : , etc., s'appelle *progression par quotient.*

107. Les termes de la progression s'écrivent comme on vient de le voir dans les exemples ÷ 4 . 6 . 8 . 10 . 12. etc., et ÷÷ 1 : 2 : 4 : 8 : 16 : etc., et se lisent ainsi : 4 est à 6 comme 6 est à 8, comme 8 est à 10, comme 10 est à 12, etc. Encore : 1 est à 2, comme 2 est à 4, comme 4 est à 8, comme 8 est à 16, etc.

108. Lorsque les termes d'une progression vont en augmentant, comme dans les exemples précédens, la progression est dite *croissante.* Elle est *décroissante* dans le cas contraire.

Propriétés fondamentales des équidifférences, des proportions et des progressions.

109. DE L'ÉQUIDIFFÉRENCE ET DE SA PROGRESSION. Dans toute équidifférence, la somme des extrêmes est égale à celle des moyens ; ainsi, dans 6 . 4 : 10 . 8, 6 + 8 (les extrêmes) = 4 + 10 (les moyens).

110. Dans l'équidifférence continue, telle que $\div 5 . 8 .$ 11, la moitié des extrêmes égale le terme moyen. Donc pour avoir une *moyenne proportionnelle arithmétique* entre deux nombres, il n'y a qu'à diviser la somme de ces deux nombres par 2.

111. Connaissant les deux extrêmes et un moyen, ou les deux moyens et un extrême d'une équidifférence, on trouvera toujours le terme inconnu, en ôtant le moyen connu des deux extrêmes, ou l'extrême connu des deux moyens ; ainsi, quand je dis que $6 . 4 : 10 . x$, $x = (4 + 10)$ $- 6 = 8$; lorsque $6 . x : 10 . 8$, $x = (6 + 8) - 10 = 4$.

112. Dans la progression par différence, telle que $\div$ $4 . 6 . 8 . 10 . 12$, un terme quelconque est égal au premier, augmenté d'autant de fois la raison qu'il y a de termes avant le terme cherché ; ainsi, 12, par exemple, égale 4 (le premier terme) $+ 2$ (la raison) $\times 4$ (nombre des termes qui se trouvent avant 12) $= 12$.

Dans la même progression, la somme de tous les termes égale la somme du premier et du dernier multipliée par le nombre des termes et divisée par 2 ; ainsi, $4 + 6 + 8 +$ $10 + 12 = (4 + 12)$, multipliés par 5 et divisés par $2 =$ 40.

113 DE LA PROPORTION ET DE SA PROGRESSION. Dans toute proportion le produit des extrêmes est égal à celui des moyens ; ainsi, $4 : 12 : : 3 : 9$ est une proportion ; car 9×4 (produit des extrêmes) $= 3 \times 12$ (produit des moyens.)

114. Donc, connaissant les deux extrêmes et un moyen, ou les deux moyens et un extrême, on trouvera toujours le terme inconnu, en divisant le produit des extrêmes par le moyen connu, ou le produit des moyens par l'extrême connu ; ainsi, dans $4 : 12 : : 3 : x$, l'inconnue $x = \dfrac{12 \times 3}{4} = 9$;

et dans $4 : 12 : : x : 9$, $x = \dfrac{4 \times 9}{12} = 3$.

115. Dans la proportion continue, telle que $\div 4 : 8 : 16$,

un des termes moyens est égal à la racine carrée (86) du produit des extrêmes. Donc il sera toujours possible de trouver une moyenne géométrique proportionnelle entre deux nombres donnés.

116. Dans toute proportion, telle que $4 : 12 :: 8 : 24$, les quatre termes peuvent être combinés de huit manières différentes, sans cesser d'être en proportion. C'est ce que prouve le tableau suivant :

$$4 : 12 :: 8 : 24 \qquad 12 : 4 :: 24 : 8$$
$$4 : 8 :: 12 : 24. \qquad 12 : 24 :: 4 : 8$$
$$24 : 8 :: 12 : 4. \qquad 8 : 24 :: 4 : 12.$$
$$24 : 12 :: 8 : 4 \qquad 8 : 4 :: 24 : 12.$$

117. On peut, sans altérer une proportion, multiplier ou diviser les deux antécédens ou les deux conséquens par le même nombre.

118. Dans toute proportion on peut dire 1.º que la somme ou la différence des deux termes d'un rapport est à l'un de ces deux termes comme la somme ou la différence des deux termes de l'autre rapport est à l'un des termes de ce rapport.

2.º Que la somme des deux antécédens est à la somme des deux conséquens comme un antécédent est à son conséquent. Donc, lorsqu'on a plusieurs rapports égaux, la somme de tous les antécédens est à celle de tous les conséquens comme un antécédent est à son conséquent.

119. Lorsque dans deux proportions deux rapports sont semblables et égaux, les deux autres rapports seront en proportion : car, *deux choses égales à une troisième sont égales entr'elles.*

120. Deux proportions, telles que $4 : 8 :: 5 : 10$ et $6 : 18 :: 8 : 24$, étant multipliées l'une par l'autre et terme par terme, c'est-à-dire antécédens par antécédens et conséquens par conséquens, sont dites *multipliées par ordre.* Le produit qui en résulte forme encore une pro-

portion, dont les rapports sont dits les *rapports composés* des rapports primitifs.

$$4 : 8 :: 5 : 10$$
$$6 : 18 :: 8 : 24$$

$$24 : 144 :: 40 : 240.$$

Donc, les puissances et les racines semblables de quatre quantités en proportion seront aussi en proportion.

121. Dans la progression par quotient, telle que $\div$ 2 : 6 : 18 : 54 : 162 : 486 : etc., un terme quelconque est égal au premier multiplié par la raison élevée à une puissance marquée par le nombre des termes qui précèdent le terme cherché; ainsi, le 6.ᵉ terme 486 de l'exemple précédent, égale 2 (le premier terme) multiplié par la raison 3 élevée à la 5.ᵉ puissance (84).

122. Dans la progression par quotient la somme de tous les termes est égale au produit du dernier terme par la raison, diminué du premier terme, et divisé par la raison moins 1 ; ainsi, dans l'exemple précédent, $2 + 6 + 18 + 54 + 162 + 486 = 728$, ce que l'on trouve en multipliant 486 (le dernier terme) par la raison 3; puis, en diminuant le produit du premier terme 2, et enfin, en divisant le reste 1456 par la raison 3 — 1.

APPLICATIONS DES PROPORTIONS.

Règles de Trois.

123. On entend par *règles de trois* certains problèmes arithmétiques renfermant quatre quantités en proportion, mais dont trois seulement sont connues : la recherche de la quatrième (114) est le but du problème.

124. Une règle de trois est *directe* ou *inverse ; simple* ou *composée.*

Pour l'intelligence de ces distinctions, il faut remarquer que, dans toute règle de trois, deux termes désignent un objet d'une espèce, et les deux autres un objet d'une autre espèce ; quand je dis que 3 hommes ayant dépensé 9 francs, 5 hommes doivent dépenser 15 fr., 3 et 5 désignent des hommes, et 9 et 15 désignent des francs.

On dit encore que chacun des termes d'une espèce est *relatif* à l'un des termes de l'autre espèce ; dans l'exemple actuel, 3 est relatif à 9 ; 5 est relatif à 15.

125. Une règle de trois est directe, lorsque l'inconnue est au terme de son espèce de la même manière que la relative est à l'autre terme de son espèce, c'est-à-dire que si la relative à l'inconnue augmente ou diminue à l'égard du terme de son espèce, l'inconnue augmentera ou diminuera à l'égard du terme de son espèce, comme quand j'ai dit que 3 hommes ayant dépensé 9 fr., 5 hommes doivent dépenser 15 fr., ou quand je dis que 5 hommes ayant dépensé 15 fr., 3 hommes doivent dépenser 9 fr.

126. Une règle de trois est inverse, lorsque l'inconnue est au terme de son espèce dans un ordre inverse de celui de la relative au terme de son espèce ; c'est-à-dire que si la relative augmente ou diminue à l'égard du terme de son espèce, l'inconnue sera l'inverse de ces progressions ; si je demande combien il faudra de jours à 8 hommes pour un ouvrage qui a occupé 3 hommes pendant 12 jours, il est évident que les hommes augmentant, le nombre des jours doit diminuer, et que x, sera plus petit que 21.

Le caractère particulier de la règle de trois inverse est que l'inconnue et la relative doivent toujours être les moyens ou les extrêmes de la proportion.

127. Une règle de trois est simple lorsque la recherche de l'inconnue ne dépend que de trois autres quantités, comme dans les exemples précédens.

128. Une règle de trois est composée, lorsque la re-

cherche de l'inconnue dépend de plus de trois autres quantités, comme lorsque je demande le prix de 6 mètres de drap à $\frac{5}{8}$, dans le cas où 15 mètres de la même qualité de drap à $\frac{7}{8}$ ont coûté 210 fr.

PROBLÊMES.

Règles de Trois Directes et Simples.

1° *Si 9 hommes ont gagné 45 francs combien gagneront 15 hommes ?*

R.: J'écris : $9^h : 15^h :: 45^f : x^f$ ou $9^h : 45^f :: 15^h : x^f$

(116) d'après le principe (114), $x = \dfrac{45 \times 15}{9} = 75.$

2° *Si 24 toises de mur ont coûté 150 fr., combien doivent coûter 36 toises du même ouvrage ?*

Réponse : $24 : 36 :: 150 : x = \dfrac{36 \times 150}{24} = 225^{fr}.$

3° *Lorsque 3 aunes $\frac{5}{8}$ de drap coûtent 87 fr., combien doivent coûter 12 aunes $\frac{5}{4}$ du même drap ?*

R.: $3 + \frac{5}{8} : 12 + \frac{5}{4} :: 87 : x = \dfrac{(12 + \frac{5}{4}) \times 87}{3 + \frac{5}{8}} = 306.$

4° *Si 72 quartes de blé ont coûté 869 fr. 76 c., combien coûteront 46 quartes du même blé ?*

R. : $72 : 46 :: 869^f, 76 : x = \dfrac{869,76 \times 46}{72} = 555,68.$

5° *Mon bâton a trois pieds, et appuyé verticalement contre la terre, il projette une ombre de 5 pieds ; en même temps un chêne voisin projette une ombre de 60 pieds ; quelle est la hauteur de ce chêne ?*

Réponse : $5 : 3 :: 60 : x = \dfrac{60 \times 3}{5} = 36.$

6° *Il faut 3 aunes + ¼ de drap pour un homme de 5 pieds 3 pouces, combien en faudra-t-il pour un jeune homme de 4 pieds 8 pouces ?*

Réponse : $5^{\text{p.}} + 3^{\text{p.}} : 4^{\text{p.}} + 8^{\text{p.}} :: 3^{\text{a.}} + ¼ : x$

$$= \dfrac{(4^{\text{p.}} + 8^{\text{p.}} \times 3^{\text{a.}} + ¼)}{5^{\text{p.}} + 3^{\text{p.}}} = 2^{\text{a.}}, 88\ldots$$

Règles de Trois Directes et Composées.

7° *Si 10 hommes travaillant 5 jours ont fait 60 mètres d'ouvrage, combien feront de mètres du même ouvrage 15 hommes travaillant 8 jours ?*

Rép. : $1^{\circ} - 10^{\text{h.}} : 15^{\text{h.}} :: 60^{\text{m.}} : x^{\text{m.}} = \dfrac{15 \times 60}{10} = 90 ;$

$2^{\circ} - 5^{\text{j.}} : 8^{\text{j.}} :: 90^{\text{m.}} : x^{\text{m.}} = \dfrac{8 \times 90}{5} = 145.$

8° *30 hommes travaillant 9 heures par jour pendant 15 jours, ont coûté 640 fr. Combien coûteraient 24 hommes qui travailleraient 7 heures par jour pendant 12 jours ?*

Rép. : $1^{\circ} - 30^{\text{h.}} : 24^{\text{h.}} :: 640 : x = 512.$

$2^{\circ} - 9^{\text{h.}} : 7^{\text{h.}} :: 512 : x = \dfrac{3584}{9} = 398,22\ldots$

$3^{\circ} - 15^{\text{j.}} : 12^{\text{j.}} :: 398,22 : x = 318^{\text{f.}}, 57\ldots$

9° *Il a fallu* 2 *cannes* ¼ *de toile pour doubler* 4 *aunes* ½ *de drap à* ⅝. *Combien faudra-t-il de cannes de la même toile pour doubler* 5 *aunes de drap à* ¾ ?

$$R.: 1° - 4 + ½ \text{ ou } \%_2 : 5 :: 2 + ¼ \text{ ou } \%_4 : x = \frac{9 \times 5 \times 2}{4 \times 9} = 2, 50.$$

$$2° - \%_8 : ¾ :: 2,50 : x = \frac{2,50 \times 3 \times 8}{4 \times 5} = 3.$$

Règles de Trois Inverses et Simples.

10° *Si* 3 *hommes ont mis* 12 *jours à un ouvrage, combien faudra-t-il de jours à* 8 *hommes pour le même ouvrage ?*

$$\text{Réponse} : 8^h : 3^h :: 12^j : x^j = \frac{12 \times 3}{8} = 4, 50.$$

11° *Un prisonnier a des provisions pour* 3 *jours; mais il doit les faire durer* 5 *jours. Combien doit-il manger par jour ?*

$$\text{Réponse} : 5 : 3 :: 1 : x = \%_3 = 0, 60.$$

12° *Un homme chargé d'un poids de* 20 *livres fait* 7 *lieues par jour; combien fera-t-il de lieues avec un poids de* 35 *livres ?*

$$\text{Réponse} : 35 : 20 :: 7 : x = \frac{20 \times 7}{35} = 4.$$

Règles de Trois Inverses et Composées.

13° *Un fossé de* 24 *toises de long sur* 3 *pieds de large a été fait dans* 9 *jours par* 4 *hommes. Combien de jours faudra-t-il à* 6 *hommes pour un autre fossé de* 18 *toises de long sur* 5 *pieds de large ?*

$$\text{Rép.} : 1° - 6^h : 4 :: 9 : x = 6.$$
$$2° - 24^t : 18^t :: 6 : x = 4, 50.$$
$$3° - 3 : 5 :: 4, 50 : x = 7, 50.$$

14° *Un étang a été vidé dans* 12 *jours par* 30 *hommes qui travaillaient* 8 *heures par jour. Combien de jours faudra-t-il à* 25 *hommes qui travailleront* 9 *heures par jour ?*

$$\text{Rép.} : 1° — 25^{\text{h}} : 30 :: 12^{\text{j}} : x^{\text{j}} = \frac{360}{25} = 14, 40.$$

$$2° — 9 : 8 :: 14, 40 : x = 12, 80.$$

Règles de Société.

Rien de plus ordinaire que de voir deux ou plusieurs personnes réunir leur argent ou leur industrie pour donner plus d'étendue ou de facilité à leur commerce : cela s'appelle FAIRE UNE SOCIÉTÉ ; *et rechercher ensuite, à la dissolution de la société, quels doivent être les profits ou les pertes de chaque associé, lorsqu'on connaît leurs mises particulières et leur profit ou dommage total, c'est ce qu'on nomme faire une* RÈGLE DE SOCIÉTÉ. De pareilles règles sont encore, si l'on veut, une autre application des proportions.

PROBLÊMES.

15° *Pierre, Louis et Paul font une société : Pierre met* 450 fr.; *Louis,* 864 ; *et Paul* 1246. *Ils font un profit de* 896 fr. *Quelle est la part de chaque associé sur le bénéfice ?*

La mise totale étant au bénéfice total comme une des mises est au bénéfice qui lui correspond, j'ai pour réponse :

R. 1° — 2560 : 896 :: 450 : x = 157,50 (profit de Pierre).
2° — 2560 : 896 :: 864 : x = 302,40 (profit de Louis).
3° — 2560 : 896 :: 1246 : x = 436,10 (profit de Paul).

16° *Un père laisse 36,000 fr. à distribuer à ses quatre fils en proportion de leur âge. Le premier a 6 ans ; le second, 9 ; le troisième, 12 ; et le quatrième, 15.*

$$R. : 1° - 42 : 6 :: 36000 : x = \frac{36000 \times 6}{42} = 5142,85....$$

$$2° - 42 : 9 :: 36000 : x = \underline{} = 7714,28....$$

$$3° - 42 : 12 :: 36000 : x = \underline{} = 10285,71....$$

$$4° - 42 : 15 :: 36000 : x = \underline{} = 12857,14....$$

17° *Une dépense commune à 6 personnes et se montant à 8000 fr., doit se payer au prorata du revenu de chacune de ces 6 personnes. Ces revenus sont :* 350 fr. ; 385 ; 456 ; 474 ; 525 ; 600 : Total, 2790 fr.

$$R. : 1° - 2790 : 8000 :: 350 : x = 1003,58.$$
$$2° - 2790 : 8000 :: 385 : x = 1103,94.$$
$$3° - 2790 : 8000 :: 456 : x = 1307,52.$$
$$4° - 2790 : 8000 :: 474 : x = 1359,13.$$
$$5° - 2790 : 8000 :: 525 : x = 1505,37.$$
$$6° - 2790 : 8000 :: 600 : x = 1720,41.$$

18° *Partager 480 fr. entre trois ouvriers qui ont travaillé, le premier pendant 30 jours et 5 heures par jour ; le second, pendant 45 jours et 7 heures par jour ; le troisième, pendant 60 jours et 9 heures par jour.*

Pour résoudre ce problème, et autres semblables, il faut réduire les trois ouvriers à un seul jour de travail chacun, et multiplier ensuite le nombre des heures de chacun d'eux par le nombre de jours relatif à ces heures. On retombe alors ici sur une règle de société, dont les termes connus sont : 1° 480, somme à partager ; 2° 150 ; 315 ; 540, travail des trois ouvriers : total, 1005.

$$R. : 1° - 1005 : 480 :: 150 : x = 71,64.$$
$$2° - 1005 : 480 :: 315 : x = 150,34.$$
$$3° - 1005 : 480 :: 540 : x = 257,91.$$

Règles d'Intérêt.

19° *Quel doit être l'intérêt d'un an pour la somme de* 4560 *fr. prêtée à* 5 *pour* % ?

Réponse : 100 : 5 :: 4560 ^{fr} : $x = \dfrac{22800}{100} = 228.$

20° *La somme de* 8650,35 *est un capital et ses intérêts de* 6 *ans à* 8 *pour* %. *Quel est ce capital ?*

Réponse : 148 : 100 :: 8650,35 : x — 5844,85.

21° *Dans combien d'années aurions-nous* 816 ^{f}, 12 *avec* 4534 *fr. placés à* 6 *pour* % ?

Réponse : Je prends l'intérêt d'un an de la somme capitale proposée, et j'ai la proportion :

$$272,04 : 1 \text{ an} :: 815,12 : x \text{ — } 3 \text{ ans.}$$

22° *A quel taux doit être placée la somme de* 8000 *fr. pour produire* 3360 *fr. d'intérêt dans* 6 *ans ?*

R. : 1° — 6 ans : 1 an :: 3360 : x = 560, *intérêt d'un an.*
2° — 8000 : 560 :: 100 : 7, *taux demandé.*

Nota. Placer une somme *au denier* 5, *au denier* 10, etc., signifie que l'intérêt doit être de 1 sur 5, sur 10, etc. Le denier 20 répond à notre 5 pour % ; le denier 10 à 10 pour %, etc.

Cent francs au denier 5, *combien font-ils ?* — 20 *livres.*

Intérêts Composés.

Placer une somme *à intérêts composés*, c'est placer cette somme un certain nombre d'années de manière que l'intérêt de chaque année se joigne au capital pour produire intérêt à son tour entre les mains du même débiteur.

Si 1 fr., placé à 5 pour %, vaut à la fin de l'année 1 + $\frac{1}{20}$ ou $\frac{21}{20}$, une somme x vaudra dans ce cas $x \times \frac{21}{20}$; laissant $x \times \frac{21}{20}$ dans les mêmes mains, nous aurons l'année suivante $x \times \frac{21}{20} \times \frac{21}{20}$; à la fin de la troisième année, il viendra $x \times \frac{21}{20} \times \frac{21}{20} \times \frac{21}{20}$, ou $x \left(\frac{21}{20} \right)^3$. D'où l'on déduit *qu'une somme placée à intérêts composés vaut à l'époque du recouvrement le capital primitif multiplié par la valeur de 1 fr. augmentée de son intérêt d'un an, et élevée à une puissance marquée par le nombre des années du placement.*

Remplaçant x par 3000 fr. dans la formule $x \left(\frac{21}{20} \right)^3$, vous aurez au recouvrement $3000 \times \left(\frac{21}{20} \right)^3 = 3000 \times \frac{9261}{8000} = \frac{27783}{8} = 3472^f, 875.$

Règles d'Escompte.

L'escompte est une réduction faite sur une lettre de change, en payant avant le terme.

Il y a deux sortes d'escompte, l'escompte *en dedans* et l'escompte *en dehors*.

L'escompte est *en dedans*, lorsque le billet renferme un capital et ses intérêts, comme quand je prête 100 fr. à 5 pour % et que l'on me consent un billet de 105 fr.

L'escompte est *en dehors*, lorsque le billet renferme un capital dont on a pris l'intérêt d'avance, comme quand je consens un billet de 100 fr., tandis que je n'ai reçu que 95 fr. du prêteur.

PROBLÈMES SUR L'ESCOMPTE.

23° ESCOMPTE EN DEDANS. *Un négociant avance à un homme un billet de 3240 fr. payable dans un an ; l'escompte étant à 8 pour %, quelle somme doit donner le négociant ?*

Rép. : 108 : 100 :: 3240 : x = 3000.

25° ESCOMPTE EN DEHORS. *Un banquier accepte un billet*

de 4850 *fr. payable dans seize mois ; l'escompte étant à* 6 *p.* % *l'an, combien doit perdre le porteur du billet.*

Rép.: 100 : 8 :: 4850 : x = 388.

24° *Un malheureux emprunte à un usurier* 846 *fr. à l'es-compte de* 6 *pour* % (*escompte en dehors*). *Quelle somme doit-il rendre en payant* 8 *mois avant le terme, ou en gardant l'argent* 4 *mois ?*

Rép. : 1° — 12^{mois} : 4^{mois} :: 6^f : x = 2^f.

2° — 100^f : 98^f :: 846 : x = 829^f, 08.

Règles d'Alliage.

L'alliage est une opération par laquelle on mêle plu-sieurs objets de même espèce, mais d'un prix différent. La règle qui cherche ensuite le prix de l'unité du mélange s'appelle *règle d'alliage.*

27° *Un négociant met ensemble* 1° 24 *hectolitres de blé à* 22 *fr. l'hectolitre ;* 2° 45 *hectolitres à* 24^f, 35 *;* 3° 68^h, 45 *à* 25^f, 40. *Quel sera le prix de l'hectolitre de ce mélange ?*

Je cherche le montant de chaque qualité de blé ; je réunis les trois produits, qui égalent 3362^f, 38.

J'additionne ensuite les différentes quantités de blé, dont le total est de 137^h, 45, et j'établis enfin, pour ré-ponse, la proportion :

137^h, 45 : 3362^f, 38 :: 1 : x = 24^f, 46....

28° *Un marchand mêle du vin à* 8 *sous, à* 9 *sous et à* 14 *sous, de manière que le litre du mélange ne vaille que* 10 *sous. Dans quelle proportion doit-il prendre de chaque espèce de vin ?*

La somme de trois litres au premier prix est 31 sous, et trois litres à 10 sous valent 30 sous. J'ai donc d'abord les proportions :

31 : 30 :: 8 : x = $^{240}/_{31}$;

31 : 30 :: 9 : x = $^{270}/_{31}$;

31 : 30 :: 14 : x = $^{420}/_{31}$.

Connaissant ainsi la partie dont je dois diminuer chaque prix primitif, et prenant le tiers de chaque 4ᵉ terme des proportions précédentes, j'ai enfin pour :

Rép. : 1° — 10 : $^{80}\!/_{31}$ :: 1 : $x = {}^{8}\!/_{31} = 0,258.$

2° — 10 : $^{90}\!/_{31}$ :: 1 : $x = {}^{9}\!/_{31} = 0,290.$

3° — 10 : $^{140}\!/_{31}$ :: 1 : $x = {}^{14}\!/_{31} = 0,451.$

Règle Conjointe.

3 ₶ de France valent 32 deniers sterlings d'Angleterre ; 240 deniers sterlings valent 408 gros de Hollande ; 50 gros de Hollande valent 190 maravédis d'Espagne. Combien faudra-t-il de maravédis pour faire 90 ₶ de France ?

R.: 1° — 32 $^{\text{liv. sterl.}}$: 3 ₶ :: 240 : $x = \dfrac{720}{32}$ fr.

2° — 408 ^{gros} : $\dfrac{720}{32}$ :: 50 : $x = \dfrac{720 \times 50}{32 \times 408} = \dfrac{36000}{13056}$

3° — 190 ^{mar} : $\dfrac{36000}{13056}$ f. : 1 ^{mar} : $x = \dfrac{36000}{13056 \times 190}$ f.

4° — $\dfrac{36000}{2480640}$ f. : 1 ^{mar} :: 90 ₶ : $x = \dfrac{2480640 \times 90^{\text{mar}}}{36000}$

$= \dfrac{223257600}{36000} = \dfrac{2232576}{360} = 6201 + {}^{5}\!/_{6}$ de maravédis.

Problèmes résolus par le simple raisonnement.

29° Un courrier faisant deux lieues dans trois heures, part de Cahors pour Madrid. Mais le roi voulant contremander ce courrier 10 heures après son départ de Cahors, en dépêche un autre qui fait 5 lieues dans 2 heures. En combien d'heures et à quelle distance de Paris le deuxième courrier aura-t-il joint le premier ?

Réponse : Il y a 154 lieues de Paris à Cahors. De plus, le premier courrier ayant marché 10 heures avant l'autre et ayant fait pendant ce temps 6^l,666....., on doit dire que les deux courriers sont séparés par une distance de 160^l,666.

Le deuxième courrier fait ⁵⁄₂ lieues par heure, et le deuxième en fait ⅖. Le deuxième se rapproche donc du premier de 11⁄6 de lieue par heure, et de 1 lieue dans ⁶⁄₁₁ d'heure : donc, il aura fait 160^l,666 dans 160,666 × ⁶⁄₁₁ : dans 87^h,636.

Le deuxième courrier, faisant 5 lieues dans 2 heures, parcourt ⁵⁄₂ de lieues par heure ; donc dans 87^h,636, il fera 219^l,09. C'est donc à 219^l,09 de Paris que le deuxième courrier atteindra le premier.

30° *Un homme travaille mon champ dans 2 jours ¾, et son fils, dans 3 jours ⅔. Combien de jours y mettront-ils tous les deux ensemble ?*

Réponse : Le père fait 1^c dans 2^j ¾ ou dans 11⁄4 de jour ; il ferait donc 4^c dans 11 jours, et les ⁴⁄₁₁ du champ dans 1 jour.

Pareillement, le fils fait 1^c dans 3^j ⅔ ou dans 11⁄3 de jour ; donc, il ferait 5^c dans 17 jours, et les ⁵⁄₁₇ du même champ dans 1 jour.

Le travail de 1 jour du père et du fils réunis étant ⁴⁄₁₁ + ⁵⁄₁₇ ou ¹²³⁄₁₈₇, je dis : si ¹²³⁄₁₈₇ de champ sont faits dans 1 jour, 123 champs se feront dans 187 jours, et enfin, 1 champ dans ¹⁸⁷⁄₁₂₃ de jour : dans 1^j, 52...

31° *Une fontaine remplit un bassin dans 4 heures ½ ; une autre le remplit dans 5^h + ⅔. Dans combien d'heures sera rempli le bassin par les deux fontaines coulant ensemble, quoiqu'on tienne ouvert pendant le même temps un robinet qui viderait le même bassin dans 12 heures ¾.*

Réponse : La première fontaine remplit 1 bassin dans ⁹⁄₂ heures ; elle remplirait donc 2 bassins dans 9 heures, et ⅔ de bassin dans 1 heure.

La deuxième fontaine remplit aussi 1 bassin dans 11⁄3 d'heure ; elle donnerait donc pour 3 bassins dans 17 heures, et les ³⁄₁₇ du bassin dans 1 heure.

La partie remplie par les deux fontaines coulant ensemble pendant 1 heure serait donc $\frac{2}{9} + \frac{5}{17}$ ou $\frac{64}{153}$; mais il faut en distraire l'eau perdue par le robinet ; or le robinet épuise 1 bassin dans $\frac{51}{4}$ d'heure ; il viderait donc 4 bassins dans 51 heures, et les $\frac{4}{51}$ du bassin dans 1 h. Donc, la partie remplie par les deux fontaines dans 1 h. est $\frac{64}{153} - \frac{4}{51}$ ou $\frac{2499}{7803}$.

Enfin, si $\frac{2499}{7803}$ du bassin sont remplis dans 1 heure, 2499 bassins seront remplis dans 7803 heures, et 1 seul bassin le sera dans $\frac{7803}{2499}$ d'heure : dans 3 h., 12....

32° *Partager un nombre, 420 par exemple, en trois parties inégales, de manière que la première ait 10 de plus que la seconde ; et la seconde 10 de plus que la troisième.*

Rép. : La plus petite étant désignée par x, la deuxième sera $x + 10$; la première $x + 20$; et les trois ensemble donneront :

$$x + x + 10 + x + 20 \text{ ou } 3x + 30 = 420.$$

Je déduis de là que $3x = 420 - 30 = 390$, et que

$$x = \frac{390}{3} = 130.$$

x étant connue, les trois parts seront $130 + 140 + 150 = 420$.

33° *Un père laisse 36000 fr. à trois enfans, à condition que le second aura deux fois et un quart comme le dernier et six cents francs de plus, et que le premier ait autant que le second, la moitié de la part du dernier et 1200 fr. de plus. Quelle est la portion de chacun ?*

Réponse : La portion du dernier étant x, celle du second sera $2x + \frac{x}{4} + 600$; et celle du premier $2x + \frac{x}{4}$ $+ \frac{x}{2} + 600 + 1200$. Les trois portions réunies donnent :

1°..... $6x + 2400 = 36000$.
2°..... $6x = 36000 - 2400 = 33600$.
3°..... $x = 33600 / 6 = 5600$.

Donc, le dernier aura 5600; le second, 13200; et l'aîné, 17200.

34. *Quel est le nombre dont la moitié et le quart plus 9 égalent 24?*

Réponse : Désignant par x le nombre cherché, j'ai

$$1^o \ldots \frac{x}{2} + \frac{x}{4} + 9 = 24.$$

$$2^o \ldots \frac{2x}{4} + \frac{x}{4} + \frac{36}{4} = \frac{96}{4}; \text{ et en effaçant le dénominateur commun,}$$

$$3^o \ldots 2x + x + 36 = 96 \text{ ou } 3x + 36 \div 96.$$

$$4^o \ldots\ldots\ldots\ldots\ldots\ldots 3x = 60.$$

$$5^o \text{ Enfin}, \ldots\ldots\ldots\ldots x = 60/3 = 20.$$

En effet, la moitié et le quart de 20, plus 9, égalent 24.

FIN DE LA PREMIÈRE PARTIE

ARITHMÉTIQUE

ET

MÉTROLOGIE ÉLÉMENTAIRES.

~~~~~~

SECONDE PARTIE.

MÉTROLOGIE.

GRACES à plusieurs savans français, le chaos de l'ancien système des poids et mesures disparaît, et fait place à un nouveau système aussi invariable que commode.

Il importe néanmoins encore d'exposer ici les deux systèmes.

MÉTROLOGIE ANCIENNE.

129. Les anciens poids et mesures se divisent en *unités linéaires*, de *capacité*, de *poids*, de *superficie*, de *solidité*, *monétaires*, *itinéraires* et *de temps*.

130. UNITÉS LINÉAIRES OU DE LONGUEUR. Les unités linéaires servent à mesurer la longueur d'un objet. Ces unités sont le *point*, la *ligne*, le *pouce*, le *pied*, la *toise*, l'*aune* et la *canne*.

1° Le point est la valeur d'une légère piqûre d'aiguille.

2° La ligne = 12 points.

3º Le pouce = 12 lignes.

4º Le pied = 12 pouces = 144 lignes.

5º La toise = 6 pieds = 72 pouces = 864 lignes.

6º L'aune = 3 pieds 7 pouces 10 lignes 10 points = 526^{lig}, 833.. *

7º La canne varie tant en elle-même qu'en ses subdivisions. Elle se divise en pans; le pan, en pouces; etc. Pour s'en faire une idée, on peut la comparer à la toise, dont elle s'écarte plus ou moins.

131. UNITÉS DE CAPACITÉ. Les unités de capacité servent à mesurer des matières sèches, comme les grains, le sel, etc., et les liquides, tels que le vin, l'huile, etc.

Rien de plus varié que les mesures de capacité. Il n'y a que des tableaux particuliers qui puissent en donner l'idée convenable.

132. UNITÉS DE POIDS. Les unités de poids sont le *grain*, le *gros*, l'*once*, le *marc*, la *livre*, le *quintal* et le *tonneau de mer*.

1º Le grain est le poids moyen d'un grain de blé ordinaire.

2º Le gros = 72 grains.

3º L'once = 8 gros.

4º Le marc = 8 onces.

5º Toute livre ** = 2 marcs = 16 onces = 128 gros = 9216 grains.

6º Le quintal = 100 livres = 921600 grains.

7º Le tonneau de mer est un poids de 20 quintaux ou de 2 milliers.

---

* L'aune se divise encore en 4 pans d'environ 11 pouces chacun; en quarts; en demies; en tiers; en sixièmes; en huitièmes; en seizièmes; etc.

** On distinguait autrefois deux sortes de livres, *la livre poids de table*, et *la livre poids de marc*. Elles étaient dans la proportion de 5 à 6, c'est-à-dire que la livre poids de table était les 5|6 de la livre poids de marc. La première servait pour la vente en détail, et la seconde pour la vente en gros.

La livre de boucherie valait 3 livres ordinaires. On l'appelait *grosse livre* ou *livre carnassière*.

133. UNITÉS DE SUPERFICIE. Les mesures de superficie ou *des surfaces*, sont de trois sortes, les *mesures de superficie proprement dites*, les *mesures agraires* ou de l'arpentage, et les *mesures topographiques*.

1° Les mesures de superficie proprement dites sont la *toise*, le *pied*, le *pouce*, la *ligne*, la *canne* et le *pan carrés*.

2° L'unité de la mesure agraire était pour Paris, et plusieurs autres lieux, *l'arpent*, égal à 900 toises carrées, et qu'il ne faut pas confondre avec *l'arpent d'ordonnance* ou des eaux-et-forêts. Ce dernier égale 1344 toises et 16 pieds carrés.

En d'autres provinces, l'unité agraire était la *sétérée*, la *quarterée*, le *quartonat*, l'*éminée*, la *concade*, etc., etc.

3° Les mesures topographiques s'emploient dans la mesure d'un royaume, d'une province, d'un département. Ces unités étaient la *lieue* ou le *mille* carrés. (*Voyez plus bas*, n° 136.)

134. UNITÉS DE SOLIDITÉ. Les mesures de solidité servent à évaluer un corps selon ses trois dimensions de *longueur*, *largeur* et *profondeur* ou *hauteur*.

Les unités de solidité étaient la *toise*, le *pied*, le *pouce*, et la *ligne cubes*; rarement c'étaient les *cannes* et les *pans* cubes.

1° La toise cube = 216 pieds cubes = 373248 pouces cubes.

2° Le pied cube = 1728 pouces cubes.

3° Le pouce cube = 1728 lignes cubes.

4° La ligne cube = 1728 points cubes.

135. UNITÉS MONÉTAIRES. Les unités monétaires étaient le *denier*, le *liard*, le *sou* et la *livre* ou *franc*.

1° Le denier est la plus petite des monnaies; ce n'est aujourd'hui qu'une unité fictive.

2° Le liard = 3 deniers.

3° Le sou = 4 liards = 12 deniers.

4° La livre = 20 sous = 80 liards = 240 deniers.

Les anciens signes monétaires étaient 1° des pièces d'or

de 48 et de 24 francs; 2° des pièces d'argent de 6 et de 3 francs; de 30, de 24, de 15, de 12 et de 6 sous; 3° des pièces de cuivre ou d'autre métal, de la valeur de 1 ou de 2 sous.

136. UNITÉ ITINÉRAIRE. L'unité itinéraire, ou mesure de la longueur des routes, portait le nom de *lieue*. C'était une distance de 2000, de 3000 et de 4000 toises. On avait aussi la lieue de 25 au degré et la lieue marine de 2850 toises.

137. UNITÉS DE TEMPS. Les principales unités de temps étaient et sont encore la *seconde*, la *minute*, l'*heure*, le *jour*, le *mois* et l'*année*.

1° La seconde est à peu-près l'intervalle qui sépare deux pulsations consécutives du poulx d'un homme en bonne santé.

2° La minute = 60 secondes.

3° L'heure = 60 minutes.

4° Le jour, ou la distance d'un minuit à l'autre = 24 heures.

5° Le mois * est censé de 30 jours dans les transactions.

6° L'année = 12 mois. Elle est de 365 jours et quelque chose, année commune, et de 366, année bissextille (*Voyez plus bas*, n° 150.)

MÉTROLOGIE MODERNE.

138. Le nouveau système métrique repose sur une base unique, tirée de la nature même. Cette base, appelée MÈTRE, est *la dix-millionnième partie du quart du méridien terrestre* **.

---

* Dans les années communes et bissextiles, les mois de *janvier, mars, mai, juillet, août, octobre* et *décembre* sont de 31 jours; les autres sont de 30 jours, excepté *février,* qui n'en a que 28, année commune, et 29, année bissextile.

** Trouvé de 5130740 toises, en 1798, par MM. Méchin et Delambre.

139. Les diverses unités de l'ancien système des poids et mesures sont remplacées aujourd'hui par autant d'unités toutes dépendantes du mètre.

140. UNITÉ LINÉAIRE. Le *mètre**, égal à 3 pieds 0 pouces 11 lignes 296 millièmes de ligne = $443^{lig}, 296$.

141. UNITÉ DE CAPACITÉ. Le *litre*, égal à 1 décimètre cube.

142. UNITÉS DE POIDS : Le *gramme* et le *kilogramme*.

1° Le gramme est le poids de 1 centimètre cube d'eau distillée. Il égale 18 grains, 827.....

2° Le kilogramme ou livre nouvelle, égale 1000 grammes, égale 18827 grains.

143. UNITÉS DE SUPERFICIE : Le *mètre carré*, et l'*are*.

1° Le mètre carré = 100 décimètres carrés = 10000 centimètres carrés.

2° L'are = 100 mètres carrés ou *centiares*.

144. UNITÉS DE SOLIDITÉ : Le *stère*; c'est 1 mètre cube.

145. UNITÉS MONÉTAIRE : Le *franc*, contenant $\%_{10}$ d'argent pur, et $\frac{1}{10}$ d'alliage, le tont du poids de 5 grammes.

Les signes monétaires sont aujourd'hui : 1° des pièces d'or de 40 et de 20 francs; 2° des pièces d'argent de 5, de 2 et de 1 francs; 3° d'autres pièces d'argent de 10 et de 5 sous. **

146. UNITÉ ITINÉRAIRE : Le *myriamètre*; c'est une distance de 10000 mètres.

Le myriamètre se partage en 10 parties égales, de 1000 mètres chacune, appelées *kilomètres*.

147. Les multiples et les sous-multiples des unités mé-

---

* L'usage du mètre pourrait devenir bien familier, si l'on voulait s'assujettir à ne porter de canne que de la longueur d'un mètre.

** Les nouvelles monnaies peuvent servir à vérifier les poids et mesures des marchands; en effet : 1° 1 fr. pèse 5 grammes ; 5 fr. pèseront 25 grammes ; 20 fr. 100 grammes ; et 200 fr. ou 40 écus de 5 fr. pèseront 1000 grammes ou 1 kilogramme.

2° La pièce d'or de 40 fr. a 26 millimètres de diamètre, et celle de 20 fr. en a 21. Donc, 34 pièces de 20 fr. et 11 de 40 = 1000 millimètres ou 1 mètre.

triques se forment d'après les lois du système décimal. (*Voyez arithmétique.*)

Les multiples se désignent, à partir de l'unité et de droite à gauche, par les mots grecs DECA (dix), HECTO (cent), KILO (mille), et MYRIA (10 mille), que l'on termine par le nom de l'unité qu'on envisage comme 1 *décamètre*, 8 *hectolitres*, 9 *kilogrammes*, etc.

Les sous-multiples, se désignent à partir aussi de l'unité, mais de gauche à groite, par les mots latins DECI (dixième), CENTI (centième), et MILLI (millième), que l'on termine encore par le nom de l'unité, comme 3 *décimètres*, 5 *centilitres*, 9 *milligrammes*, etc.

Les fractions du franc se désignent par les mots *décime*, *centime* et *millime*.

TABLEAU SYNOPTIQUE

des multiples et sous-multiples des mesures métriques.

MÈTRE, LITRE, ETC.	VALEUR.
Myria. . . . . 10000.	10 mille mètres ; — litres ; — etc.
Kilo . . . . . . 1000.	mille mètres ; — litres ; — etc.
Hecto . . . . . . 100.	100 mètres ; — litres ; — etc.
Déca *. . . . . . 10.	10 mètres ; — litres ; — etc.
1.	1 mètre ; — 1 litre ; — etc.
0,1 déci.	1|10 du mètre ; — du litre ; — etc.
0,01 centi. . . .	1|100 du mètre ; — du litre ; — etc.
0,001 mili . . .	1|1000 du mètre ; — etc.

* *Déca* n'est pas usité pour l'are.

148. *Tableau de réduction de quelques mesures anciennes en nouvelles, et réciproquement.*

ESPÈCES.	MESURES ANCIENNES EN NOUVELLES.	MESURES NOUVELLES EN ANCIENNES.
MESURES LINÉAIRES.	La toise = 864 lig. = $\frac{864000}{443296}$ = 1 mèt. 1^m949.	Le mètre = 3 pieds 11 lig., 296.
	Le pied = 1|6 de la toise = ... 0 .... 0,324.	Le décimètre = 3 pouces 8 l. 329.
	Le pouce = 1|12 du pied = ... 0 .... 0,027.	Le centimètre = 4 lig., 432.
	La ligne = 1|2 du pouce = ... 0 .... 0,002.	Le millimètre = 0 lig., 443.
	L'aune de Paris = $\frac{526833}{443296}$ = ..1 .... 1,188.	Le mètre = 0 aune 3|4, 375.
MESURES DE SUPERFICIE.	* mèt. carr.	t.c. p.c. p.c. l.c.
	La toise carrée = ... 3,79,87,42.	Le mètre carré = 0. 9. 68. 95.
	Le pied carré = ... 0,10,55,21.	0,1 décim. car. = 0. 0. 13. 93.
	Le pouce carré = ... 0,00,07,39.	0,01 centi. car. = 0. 0. 0. 19.
	La ligne carrée = ... 0,00,00,05.	0,00 milli. car. = 0. 0. 0. 00.
MESURES DE SOLIDITÉ.	** mèt. cub.	mèt. cub. t.c. p.c. p.c l.c.
	La toise cube = ... 7,408,887,136.	1,00 = 0. 29. 300. 756.
	Le pied cube = ... 0,034,277,255.	0,10 = 0. 02. 1585. 421.
	Le pouce cube = ... 0,000,019,836.	0,01 = 0. 0. 504. 214.
	La ligne cube = ... 0,000,000,011.	0,001 = 0. 0. 050. 712.
	La corde des eaux-et-forêts = 3 stères, 83906.	1 stère = 0 cord. 26048.
	La voie de Paris = ... 1 id..., 91953.	1 id... = 0 id..... 52096.
	La corde de grand bois = ... 4 id..., 38749.	1 id... = 0 id.... 22792.
	La corde de port = ... 4 id..., 79882.	1 id... = 0 id.... 20838.
	La solive = ... 0 id..., 10283.	1 id... = 9 soliv. 4 P. 4 p. 17.
POIDS.	grains.	Le kilogram. = $\frac{18827}{9216}$ = 2 liv.
	La livre = $\frac{9216}{18827}$ = ... 0 kilog. 489,50.	0 once, 5 gros, 35 grains, 15.
	L'once = ... 0 id., 030,61.	1|2 kilogram. = 1 liv., 2 gros,
	Le gros = ... 0 id., 003,75.	57 grains, 50.
	Le grain = ... 0 id., 000,53.	1 gramme = 18,827 grains.
	Le quintal = ... 48 id., 950,50.	Le quintal métrique = 102 liv.,
	Le demi-quintal = ... 24 id., 475,25.	2 onces, 2 gros, 29 grains, 00.

* *Voir* observ. 1° pag. 83.   ** *Voir* observ. 2° pag. 83.

DES MONNAIES.

149. La livre (monnaie) est au franc dans le rapport de 80 à 81. Donc $1^{tt} = {}^{80}\!/_{81}$ du franc $= 0^f,9876$.

Réciproquement, 1 fr. $= {}^{81}\!/_{80}$ de la livre $= 1^{tt} 3^d = 1^{tt}, 0125$.

MESURES ITINÉRAIRES.

	toises.	mètres.
150. Lieue de poste	2000,00 =	3899,00
— de 25 au degré	2280,00 =	4444,44
— marine de..	2850,00 =	5555,00
— d'Espagne	3167,00 =	6173,00
— de Portugal	3167,00 =	6173,00
Mille romain ancien	760,00 =	1481,30
— — moderne	764,00 =	1489,10
— d'Allemagne	3800,00 =	7406,30
— d'Angleterre..	820,31 =	1598,78
— grec et turc.	655,20 =	1274,90
Stade romain et olympique.	99,07 =	192,95
— égyptien	141,10 =	222,22
Schœne égyptien.	3244,67 =	6324,00
Parasange des Perses..	2568,00 =	5005,00
Agash des Turcs.	3047,00 =	5938,80

DU STÈRE.

151. Le stère, avec ses multiples et ses sous-multiples, a remplacé les anciennes mesures pour le bois de chauffage et de charpente.

Puisque le stère est la valeur d'un mètre cube, un stère de bois de chauffage est une pile de bûches, ayant un mètre de longueur, un mètre de largeur et un mètre de hauteur.

Il est évident aussi que si l'une des trois dimensions de la pile était au-dessus ou au dessous de 1 mètre, il faudrait faire dans les autres une diminution ou une augmentation proportionnelles *.

On emploie ordinairement pour la mesure du bois de chauffage, un chassis ayant 1 mètre de couche ou de base, et des membrures ou montants de 1 mètre de hauteur au-dessus de la couche. On se sert aussi du *double-stère* et du *décastère ;* le double-stère a deux mètres de couche ; et le décastère, dix. Dans les deux cas, les membrures et les bûches sont toujours de 1 mètre.

Pour mesurer une quantité de bois de chauffage sans machines, d'une dimension déterminée, il faut 1° *donner une même longueur aux bûches ;* 2° *entasser les bûches entre deux pieux plantés perpendiculairement en terre sur un terrain uni ;* 3° *donner au tas une même hauteur dans toute son étendue ;* 4° *mesurer avec le mètre la longueur, la largeur et la hauteur du bûcher ;* 5° *multiplier la longueur par la largeur, et ce produit par la hauteur :* le dernier de ces deux produits exprimera le nombre de stères contenus dans le bûcher.

S'il fallait évaluer une charretée de bois sans la décharger, on observerait le procédé suivant : 1° *Prenez la largeur moyenne de la charretée, c'est-à-dire la moitié de la largeur des deux bouts ;* 2° *mesurez la hauteur des deux bouts et celle du milieu de la charge, et prenez la hauteur moyenne ;* 3° *multipliez la largeur et la hauteur moyennes l'une par l'autre, et leur produit par la longueur de la charretée :* ce dernier résultat doit donner le nombre de stères de la charge.

Les grands volumes de bois de construction se mesurent aussi au stère ; mais les petites quantités s'évaluent en *décistères* ou *solives métriques.*

Le bois de charpente (bois équarri) s'évalue en multipliant la surface moyenne des deux bouts par la longueur de la pièce.

---

* Étant donnés un produit et ses facteurs, moins un, on trouve toujours le facteur inconnu, en divisant le produit donné par le produit de tous les facteurs connus.

Le bois *en grume* (arbres abattus, dépouillés de leurs branches et non équarris) se mesure de la manière qui suit : 1° *Prenez avec une ficelle, la circonférence moyenne de chaque arbre ; 2° prenez le cinquième de cette circonférence ; 3° multipliez ce 5ᵉ par lui-même et par la longueur de l'arbre :* ce dernier produit donnera la solidité de la pièce. Voir au surplus *Bezout, géom.*, n° 261.

DES POIDS.

152. La *balance* est l'instrument le plus exact ; elle doit être oscillante, étant vide et suspendue à son couteau. La justesse d'une balance se reconnaît par l'addition du plus petit poids ; alors le bras du fléau, du côté duquel le poids aura été mis, prendra son repos dans une situation un peu inclinée. On s'assurera enfin si les bras de la balance sont égaux, en changeant les bassins de place : la balance qui est juste, doit conserver encore son équilibre.

Les *romaines* ne doivent pas être considérées comme des instruments d'une grande justesse. On peut les tolérer dans le commerce, mais seulement pour les grosses pesées, et nullement pour la vente en détail des denrées de première nécessité.

153. Les nouveaux poids ne peuvent être faits qu'en fer ou en cuivre, le plomb, le marbre ou la pierre étant trop sujets à s'altérer.

Aucune ordonnance ne détermine la forme des poids. Il suffit qu'ils soient exacts ; que leurs multiples et sous-multiples soient dans la progression décimale ; et enfin qu'ils soient poinçonnés.

154. Les instruments, qui servent à trouver la pesanteur spécifique des fluides *, se nomment *aréomètres*. Nous ne pouvons qu'indiquer ici l'aréomètre dit *balance de Nicholson*, et celui de *Baumé*.

---

* On entend par *pesanteur spécifique* d'un corps le rapport du poids de ce corps au poids d'un autre corps pris pour terme de comparaison.

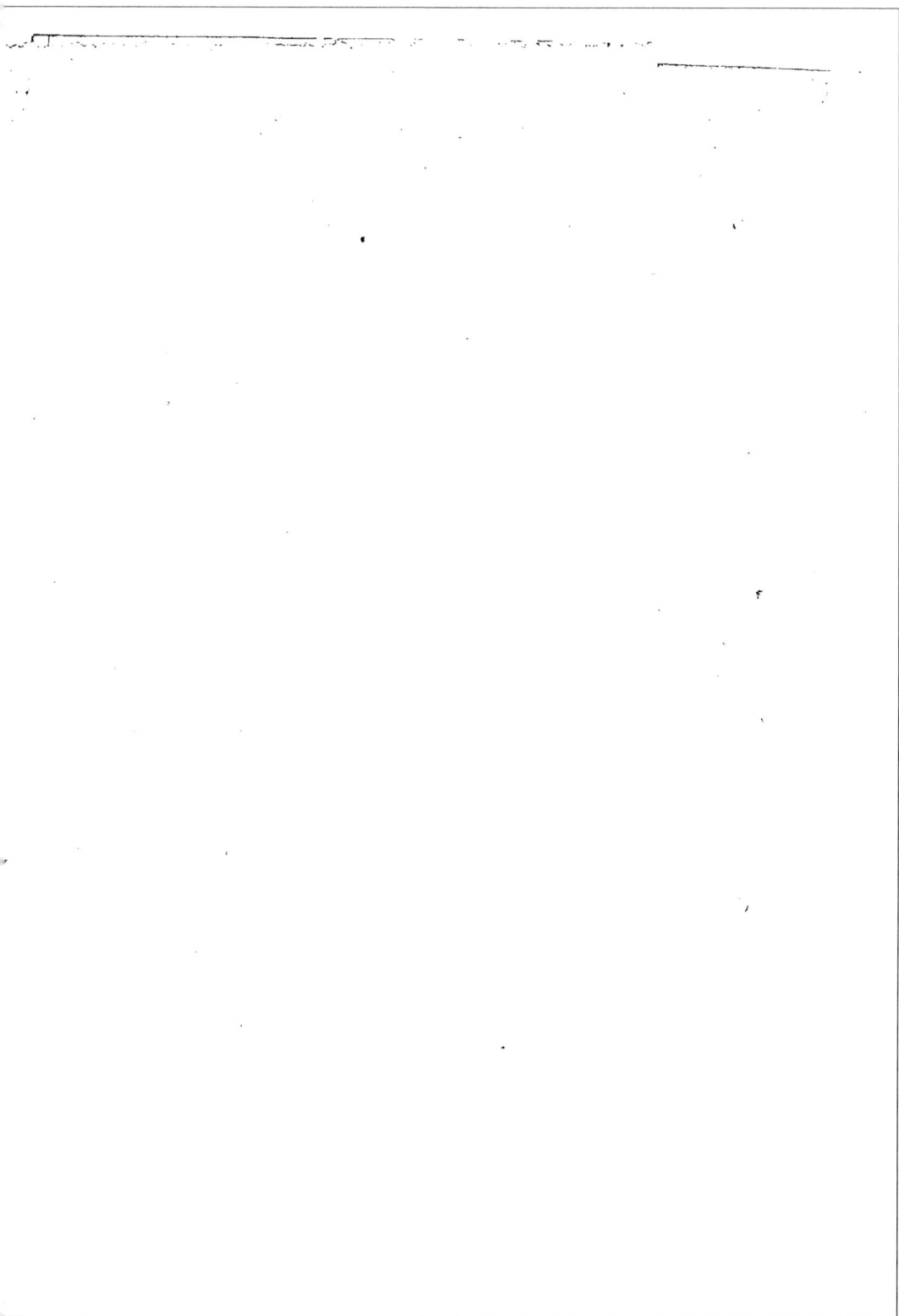

Fig. 1.

Fig. 2.

Fig. 3.

Fig. 4.

Fig. 5.

Fig. 6.

Fig. 7.

Fig. 8.

Fig. 9.

Fig. 10.

Fig. 11.

Fig. 12.

Fig. 13.

Fig. 14.

Fig. 15.

Fig. 16.

Fig. 17.

Fig. 18.

Fig. 19.

Fig. 20.

Fig. 21.

Fig. 22.

Fig. 23.

Fig. 24.

Fig. 25.

Fig. 26.

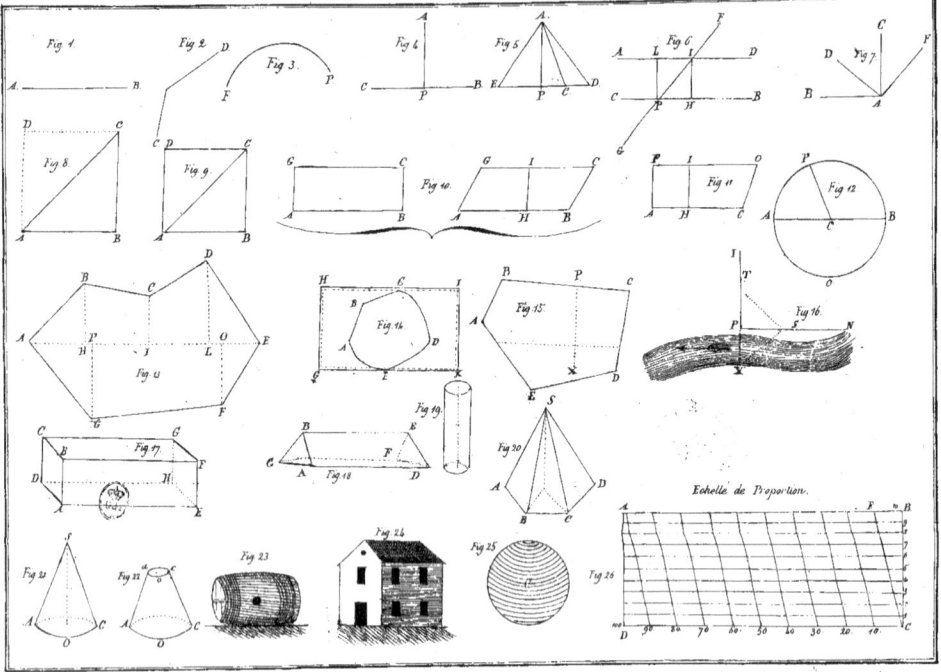

Echelle de Proportion.

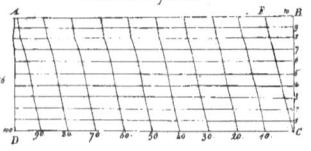

NOTIONS

DE

GEODÉSIE ET DE STÉRÉOMÉTRIE.

ARTICLE PREMIER.

Géodésie.

155. La Géodésie est *l'art de mesurer les terres et de les diviser entre plusieurs propriétaires.* Il est indispensable d'entrer ici dans des détails préliminaires.

1° *Lignes.* Une ligne est la distance d'un point à un autre, comme A B, C D, F P (fig. 1, 2, 3). Les lignes sont *droites, brisées* ou *courbes.*

La ligne droite A B est le plus court chemin d'un point à un autre.

La ligne brisée C D est l'assemblage de deux droites, non en ligne droite.

La ligne courbe est une suite de points qui ne présente ni ligne droite ni ligne brisée, telle est C P.

Une *perpendiculaire* est une ligne droite dont tous les points sont également éloignés de deux points pris sur une autre droite, à égale distance de son pied, telle est A P (fig. 4).

Une *oblique* est une droite qui, partant d'une perpendiculaire, a tous ses points inégalement éloignés du pied de la perpendiculaire, comme O C, A D, A E (fig. 5). Deux obliques, partant du même point et également éloignées du pied de la perpendiculaire, sont égales.

Deux lignes *parallèles* sont deux lignes à une égale distance l'une de l'autre dans toute leur longueur, comme A D, C B (fig. 6).

2° *Angles.* Un angle est un espace terminé par la rencontre de deux lignes. Le point de rencontre des deux lignes s'appelle le sommet de l'angle.

Tout angle se désigne par trois lettres, en mettant celle du sommet au milieu, comme B A C (fig. 7).

La grandeur d'un angle dépend de l'ouverture de ses côtés.

Il y a trois sortes d'angles, l'angle *droit*, l'angle *aigu* et l'angle *obtus.*

L'angle droit est celui qui est formé par la rencontre de deux droites perpendiculaires l'une à l'autre, comme B A C (fig. 7). Il égale toujours 90 degrés.

L'angle aigu est moindre qu'un angle droit, comme B A D (fig. 7).

L'angle obtus est plus grand que l'angle droit, B A F (fig. 7).

3° *Triangles.* Un triangle est un espace renfermé par trois lignes droites, comme A B C (fig. 8).

La *hauteur* d'un triangle est la perpendiculaire qui mesure la distance d'un de ses angles au côté opposé à cet angle. Le côté, sur lequel la perpendiculaire descend, se nomme la *base* du triangle.

Si un triangle a un angle droit, il s'appelle *triangle-rectangle.*

4° *Quadrilatères.* Un quadrilatère est une figure de quatre côtés.

Si les quatre côtés sont égaux et forment quatre angles droits, la figure s'appelle un *carré*, tel est ABCD (fig. 9).

Si les quatre côtés sont parallèles deux à deux, la figure se nomme un *parallélogramme*, tel est A B C G (fig. 10.) Tout carré est un parallélogramme. Le parallélogramme s'appelle *rectangle*, lorsque ses angles sont droits.

Si enfin des quatre côtés du quadrilatère, deux seulement sont parallèles, comme dans A C O P (fig. 11), la figure est un *trapèze*.

La *hauteur* d'un quadrilatère est la perpendiculaire qui mesure la distance entre deux côtés parallèles. Un des côtés parallèles est la *base* du quadrilatère.

5° Le *cercle*. Un cercle est un espace plan dont tous les points extérieurs sont également éloignés d'un point intérieur appelé *centre* : A O P (fig. 12), est un cercle. La ligne courbe qui le termine, s'appelle *circonférence*.

La ligne droite, qui joint deux points de la circonférence, en passant par le centre, se nomme un *diamètre*, tel est A B (fig. 12).

La droite que l'on mène du centre à la circonférence, ou réciproquement, se nomme un *rayon*. Tout rayon est la moitié du diamètre (C P, fig. 12.)

Tout diamètre coupe le cercle en deux parties égales ou *hémisphères*.

Tout diamètre est à la circonférence comme 7 : 22 ou comme 113 : 353, c'est-à-dire que si un diamètre a 7 mètres, par exemple, la circonférence en aura 22.

Tout rayon peut se porter six fois juste sur la circonférence.

Toute circonférence se partage en 360 parties égales appelées *degrés*. Le degré a 60 minutes ; la minute, 60 secondes ; etc.

Mesure des Surfaces planes.

1° Tout parallélogramme égale la base multipliée par la hauteur. Si, dans la figure 10, la base A B = 30 pieds, et la hauteur B C, 6 pieds, le parallélogramme égalera $30 \times 6 = 180$ pieds. Si la base égale $54^m,35$, et la hauteur $9^m,15$, le parallélogramme égalera $54^m,35 \times 9,15 = 497^m,3025$.

2° Tout triangle est la moitié d'un parallélogramme de même base et de même hauteur. Donc, la surface d'un triangle égale la moitié de la base multipliée par la hauteur, ou la moitié de la hauteur multipliée par la base.

Si dans le triangle A B C (fig. 8), la base A B est de 4 toises, et la hauteur C H, de 6 toises $\frac{1}{4}$, la surface de cette figure sera $\frac{4}{2} \times 6 + \frac{1}{4}$ ou $4 \times 2\frac{5}{8}$, et enfin $12^t,50$.

3° Un trapèze est l'équivalent d'un parallélogramme de même hauteur, qui aurait pour base la demi-somme des côtés parallèles du trapèze.

Donc, la surface du trapèze égale la demi-somme de ses deux côtés parallèles multipliée par la hauteur.

Si dans A C O P (fig. 11), A C + O P = 25^m + $18^m,5o$, la surface A C O P égalera $\dfrac{25 + 18,50}{2} \times$ H I;

et si enfin H I = 8^m, le trapèze égalera $\dfrac{25 + 18,5o}{2} \times 8$.

4° Un cercle peut être considéré comme composé d'une infinité de triangles ayant tous leur sommet au centre, et leur base à la circonférence; donc tout cercle égalera la circonférence (la base) multipliée par la moitié du rayon $\left(\dfrac{H}{2}\right)$, ou la moitié de la circonférence multipliée par le rayon.

Si dans A O C (fig. 12) la circonférence est de 35 pieds, et le rayon de 5,56, la surface A O C égalera $\dfrac{C}{2} \times$ R, ou $\dfrac{35}{2} \times 5,56$, ou enfin $35 \times \dfrac{556}{200} = 97^p,3o$.

Applications.

1° Soit A B C D E F G (fig. 13) un champ dont on demande la contenance.

Après avoir marqué par un objet apparent tous les angles de la pièce, j'en fais un plan figuratif sur mon carnet; je joins par une droite A E les deux angles du plan les plus éloignés l'un de l'autre : cette première ligne se nomme *ligne de repert.*

Après ces dispositions, je pars du point A, en suivant la ligne de repert, et arrivé vis-à-vis B, j'élève * une per-pendiculaire vers ce point ; je mesure A H et H B.

Après avoir coté les mètres trouvés dans A H et H B, je continue de marcher vers E, jusques vis-à-vis C, vers lequel j'élève la perpendiculaire l C ; je mesure H l et l C, et je cote ces deux mesures, comme précédemment.

Arrivé vis-à-vis D, j'élève perpendiculairement L D ; je mesure et je cote I L et L D ; je mesure également L E.

Du point E, je reviens en A, toujours sur la ligne de repert, sur laquelle j'élève, par les mêmes moyens que précédemment, les perpendiculaires O F, P G, en mesu-rant, et en cotant au fur et à mesure, les distances O E, O P, P A, et les perpendiculaires O F, P G.

Lorsqu'on est revenu au point A, le champ proposé se trouve divisé en triangles et en trapèzes, et d'après les principes qui ont été exposés pour l'évaluation des sur-faces, rien de plus facile que de trouver la surface de la pièce arpentée. **

Ainsi, le triangle A H B, et le trapèze B H I C égale-ront, l'un $A H \times \dfrac{B H}{2}$, et l'autre $\dfrac{B H + C I}{2} \times H I$; il en sera évidemment de même des autres.

2° Soit A B C D E (fig. 14) un champ où l'on ne peut entrer, et dont néanmoins on demande la contenance.

J'enferme la pièce proposée dans un parallélogramme

* Les instruments de l'arpenteur sont : 1° une équerre ; 2° une chaîne de la longueur de 10 mètres ; 3° dix fiches en fer, pour marquer les stations de la chaîne ; 4° un bâton ferré pour support de l'équerre ; 5° enfin quelques bâtons droits, appelés *jalons*, pour déterminer les extrémités ou le passage d'une ligne droite.

Un compas remplaçait autrefois la chaîne métrique ; mais cet instrument ne peut qu'être une source d'erreurs.

** Lorsque le terrain est incliné, il faut tendre la chaîne horisontalement.

rectangle G H I K, dont je mesure la base G K et la hauteur G H.

Je mesure ensuite par les procédés déjà indiqués, ou suggérés par les circonstances, l'espace accessible compris dans le rectangle.

Retranchant enfin la valeur du terrain accessible de celle qui a été trouvée pour le rectangle, on doit avoir évidemment pour reste la contenance de l'objet inaccessible.

3° Soit A B C D E (fig. 15) pièce de terre dont on ne demande qu'une partie.

Sur un côté, B C par exemple, j'élève la perpendiculaire indéfinie P X; je mesure B C, que je regarde comme un des facteurs qui ont produit la contenance que l'on cherche; je divise cette contenance (la valeur de la quarterée, de l'émine, du quartonat, etc.) par B C; le quotient exprimera la quantité qu'il faudra prendre sur P X pour la hauteur du parallélogramme dont B C est la base. Je multiplie enfin le quotient, que je viens de trouver, par B C : le produit sera la contenance demandée, à peu de chose près d'abord, et sans erreur enfin, en augmentant ou en diminuant la hauteur prise en premier lieu sur P X.

4° Un homme fait faire une cuve, dont le fond a 5 pieds de diamètre, et il veut savoir 1° combien il lui faudra de planche pour le fond ; 2° quelle circonférence devront avoir les cercles de ladite cuve.

Le fond d'une cuve étant un espace circulaire, j'en trouverai la surface en multipliant, comme il été dit pour le cercle, la moitié de la circonférence par le quart du diamètre connu 5 pieds $\left(\dfrac{D}{4} = \dfrac{R}{2} \right)$; et si la circonférence était inconnue, il faudrait la trouver par le rapport de 7 à 22, ou de 113 à 353 ; ici, elle est $\dfrac{22 \times 5}{7}$ ou $\dfrac{353 \times 5}{113.}$

Enfin, la circonférence des cercles se trouvera de la même manière que celle du fond.

5° Un homme veut connaître la largeur d'une rivière (fig. 15).

Sur le bord, où vous êtes, élevez une perpendiculaire indéfinie P I, qui irait tomber en un point X, sur le bord opposé.

Par le point P, élevez une autre perpendiculaire indéfinie P N.

Cherchez sur P N le point d'où une oblique (la moitié de l'angle droit de l'équerre) ira tomber aussi sur X ; mesurez P S. Vous aurez alors un triangle dont vous connaîtrez un côté P S, et les deux angles adjacents à ce côté. Rapportant P S à votre échelle de proportion, vous aurez P S : P X :: la valeur de P S : à la valeur de P X.

Échelle de proportion.

L'échelle de proportion (fig. 26) est un parallélogramme A B C D dont la base C D représente une longueur de 100 mètres. C D est divisée en 10 parties égales, représentant par conséquent 10 mètres chacune.

Les petites parallèles F B représentent chacune un nombre de mètres égal au chiffre dont elles sont cotées.

D'après cela, pour représenter 30 mètres sur le papier, je mets une pointe du compas sur le point C, et l'autre sur le point de C D marqué par 30.

Si je veux représenter 36 mètres, je porterai le compas non sur C et 30, mais sur sa parallèle 1 et 6.

Nota. Les aires des surfaces planes (parallélogramme, triangle, trapèze, cercle, secteur circulaire) étant prises au mètre, il faut faire attention que la première décimale, à droite de la virgule, désigne des dixièmes de mètre carré, c'est-à-dire que chaque unité de cet ordre vaut 10 décimètres carrés ; que la seconde décimale exprime des centièmes du mètre carré, ou des décimètres carrés ; que la troisième désigne des centimètres carrés ; etc. Ainsi, 756, ᵐᶜ 4758 signifient 756 mèt. car., 47 décimèt. car., 58 centim. car.

ARTICLE II.

Stéréométrie.

156. La stéréométrie est l'art de mesurer les solides. Un solide est un corps considéré dans ses trois dimensions de *longueur*, *largeur* et *profondeur* ou *hauteur*.

Les solides, nécessaires à connaître ici, sont le *prisme*, le *cylindre*, la *pyramide*, le *cône*, le *cône tronqué* et la *sphère*.

1° Le prisme est un solide dont les deux extrémités sont deux polygones * égaux et parallèles, et dont la longueur présente autant de parallélogrammes qu'il y a de côtés à l'un des polygones. Une poutre équarrie A B C D E F G H (fig. 17), par exemple, est un prisme. La même poutre, sciée dans le sens de ses diagonales ** A C et E G, donnera deux prismes égaux.

Tout prisme a une solidité représentée par la surface de l'une de ses extrémités multipliée par sa longueur; ainsi le volume de A B C D E F G H, déjà cité, égale A B $\times$ B C $\times$ A E; et celui de A B C G E F égalera la surface A B C $\times$ A E.

2° Le cylindre est un solide dont les extrémités sont deux cercles égaux et parallèles. Son volume égale la surface de l'une de ses extrémités multipliée par sa longueur (fig. 19).

3° La pyramide est un solide dont la base est un polygone et dont la surface se compose d'autant de plans triangulaires qu'il y a de côtés au polygone de la base : l'extrémité de la pyramide opposée à la base et formée par la réunion de tout les plans de la surface se nomme le *sommet* de la pyramide.

---

* Un polygone est une figure qui a plusieurs angles.

** Une diagonale est une droite qui joint deux angles opposés comme A C (fig. 9.)

La *hauteur* de la pyramide est la perpendiculaire abaissée du sommet sur le plan de la base.

Toute pyramide égale en solidité le tiers d'un prisme qui aurait même base et même hauteur; ainsi, A B C D S (fig. 20) $= \dfrac{A B \times B C \times H}{3}$.

4° Le cône est un solide formé par la révolution d'un triangle rectangle qui tournerait autour d'un des côtés de l'angle droit.

Le plan circulaire, décrit par la révolution de la base du triangle, est la base du cône; sa hauteur est la même que celle du triangle qui le produit.

La surface convexe du cône A O C S (fig. 21) égale la circonférence de sa base multipliée par son côté ou *apothème*. Le côté du cône est la droite menée du sommet à l'un des points du périmètre de la base.

La solidité du cône égale le produit de sa base par le tiers de sa hauteur.

5° Le cône tronqué est un cône dont on a retranché le sommet par une section parallèle à la base.

La surface convexe d'un tronc de cône égale son côté multiplié par la demi-somme des circonférences de ses deux bases.

La solidité d'un tronc de cône est égale à celle du cône entier diminuée de la solidité de la partie qui complèterait le cône. *

6° La sphère est un solide dont tous les points de la surface sont également éloignés d'un point intérieur, appelé *centre* (fig. 25).

La solidité d'une sphère est égale à celle d'une pyramide dont la base serait la surface, et la hauteur, le rayon de la sphère. Donc, le volume de la sphère est égal au produit

---

* La hauteur de ce petit cône est égale au produit de la hauteur du tronc par le diamètre de la petite base divisé par la différence des deux diamètres.

de sa surface par tiers de son rayon. (On trouve la surface d'une sphère en multipliant la circonférence d'un grand cercle par le diamètre).

APPLICATIONS.

I. Nous rappellerons ici ce qui a été dit de la manière de mesurer un bûcher, et le bois de charpente (150).

II. Un homme veut connaître la capacité 1° d'une cuve ; 2° d'une barrique.

Capacité des cuves : Les cuves ont presque toujours la forme d'un cône tronqué, et peuvent s'évaluer comme on l'a vu pour le volume de ce solide (fig. 22).

Mais comme il n'y a ordinairement qu'une petite différence entre les diamètres des deux bases, on peut employer aussi, sans inconvénient notable, le procédé suivant pour trouver la capacité d'une cuve : 1° *prenez exactement le diamètre du fond et celui de l'ouverture ;* 2° *prenez la moitié de ces deux diamètres* ou le diamètre moyen ; 3° *cherchez la circonférence qui répond au diamètre moyen ;* 4° *multipliez la circonférence trouvée par la moitié du rayon ou par le quart du diamètre moyen : le produit sera la base moyenne de la cuve ;* 5° *enfin, multipliez la base moyenne par la hauteur ou* PROFONDEUR *de la cuve : ce dernier produit exprimera la capacité du vaisseau.*

Si toutes les mesures ont été prises en centimètres, on trouvera le nombre de litres contenu dans la cuve, en divisant la capacité trouvée par 1000.

Capacité d'un tonneau. Il a été décidé que la capacité d'un tonneau se trouve en multipliant la surface moyenne des deux fonds par la longueur interne de la futaille. On prendra pour diamètre le diamètre du bouge diminué du tiers de la différence qui se trouve entre ce diamètre et le diamètre moyen des fonds (fig. 23).

III. Un propriétaire veut savoir 1° combien de toises de main-d'œuvre aurait une maison de 8 toises d'élévation, ayant 4 murs, dont deux auraient 12 toises ½ de longueur, et les deux autres 7 toises ¼ (fig. 24).

2° Combien de cents de tuiles (à 100 à la toise) il faudrait pour le toit de ladite maison, en divisant ce toit en deux rectangles ayant, comme la maison, 12 toises et ½ de long, et 3 toises et ½ de large.

3° Enfin, combien il lui faudrait de cannes de planche pour trois planchers qui auraient la même longueur et la même largeur que la maison.

Rép. : 1° Chaque mur doit être considéré comme un parallélogramme rectangle, et égaler la base multipliée par la hauteur, avec l'attention de prendre pour base la longueur moyenne de chaque mur, c'est-à-dire la demi somme de la longueur intérieure et de la longueur extérieure.

2° Chaque rectangle du toit doit égaler aussi la longueur multipliée par la largeur.

3° Enfin, chaque plancher étant parallèle au sol, doit égaler la longueur 12 + ½ × 7 + ¼ ; trois planchers égaleront donc trois fois la surface que l'on vient de trouver. Il ne faut pas perdre de vue, si l'on veut développer les calculs que nous ne faisons qu'indiquer, que les mesures sont énoncées d'abord en toises, et puis en cannes : cela est fait à dessein pour exercer les commençants.

4° *Trouver la capacité d'un puits.*

Un puits peut être regardé comme un cylindre, et se mesurer comme on l'a prescrit pour ce solide, c'est-à-dire qu'il faut multiplier la surface de l'ouverture par la profondeur.

Nota. Si les volumes des solides (prisme, pyramide, cône, cylindre, sphère) sont évalués au mètre, et que leur expression renferme des décimales, il faudra observer que les décimètres et les centimètres cubes ne sont exprimés que par les millièmes et les millionnièmes, et qu'en général il faut prendre les chiffres décimaux de 3 en 3, de gauche à droite, pour les mesures cubiques ; ainsi, 30 m., cub. 044300 = 30 mèt. cub., 44 décim. cub. et 300 centim. cub.

CONCORDANCE

DES

CALENDRIERS GRÉGORIEN ET RÉPUBLICAIN.

———

159. Le calendrier est la table de la suite des mois et des jours de l'année.

La loi du 4 frimaire, an II (24 novembre 1793) avait aboli le calendrier, dit *Grégorien*, usité jusqu'alors, et divisé l'année en 12 mois de 30 jours chacun ; ce qui fesait d'abord 360 jours. Mais comme l'année Grégorienne a 365 jours et quelque chose, années ordinaires, et 366, années bissextiles, on arrêta en même temps que le dernier mois de l'année nouvelle serait suivi de 5 jours, années communes, et de 6, années bissextiles ; ces 5 ou 6 jours s'appelaient *jours complémentaires*, et l'on disait : 1er, 2e, 3e, etc., complémentaire de l'an I, de l'an II, etc.

Les noms des anciens mois furent en outre remplacés par d'autres, analogues aux différents aspects de la nature. Les nouveaux mois étaient : *pour l'automne*, vendémiaire, brumaire, frimaire ; *pour l'hiver*, nivose, pluviose, ventose ; *pour le printemps*, germinal, floréal, prairial ; et *pour l'été*, messidor, thermidor, fructidor.

D'après la loi sus-énoncée, la première année Républicaine datait du 22 septembre 1792.

Le calendrier Grégorien fut remis en usage par le Senatus-Consulte du 22 fructidor an XIII, et ce, à compter du 11 nivose an XIV (1er janvier 1806).

On éprouve tous les jours le besoin de savoir à quelle date républicaine répond une date du calendrier grégorien. C'est pour ce motif que nous ajoutons ici des tables de concordance des deux styles. Le premier de ces tableaux exige seul une explication :

1° Les chiffres romains de la première colonne à gauche indiquent les années de la République, et les chiffres arabes de la même colonne indiquent les années correspondantes de l'ancien style.

2° Les 24 colonnes suivantes présentent, pour chaque année de la République, le jour du mois, écrit sous une colonne, qui correspond au 1er du mois écrit au-dessus de la même colonne.

CONCORDANCE *des mois du style Grégorien avec*

ANNÉES des deux styles.	1er Vendémiaire.	1er Octobre.	1er Brumaire.	1er Novembre.	1er Frimaire.	1er Décembre.	1er Nivôse.	1er Janvier.	1er Pluviôse.	1er Février.	1er Ventôse.
AN I. 1792.-1793.	22	10	22	11	21	11	21	12	20	13	19
AN II. 1793.-1794.	22	10	22	11	21	11	21	12	20	13	19
AN III. 1794.-1795.	22	10	22	11	21	11	21	12	20	13	19
AN IV. 1795.-1796.	23	9	23	10	22	10	22	11	21	12	20
AN V. 1796.-1797.	22	10	22	11	21	11	21	12	20	13	19
AN VI. 1797.-1798.	22	10	22	11	21	11	21	12	20	13	19
AN VII. 1798.-1799.	22	10	22	11	21	11	21	12	20	13	19
AN VIII. 1799.-1800.	23	9	23	10	22	10	22	11	21	12	20
AN IX. 1800.-1801.	23	9	23	10	22	10	22	11	21	12	20
AN X. 1801.-1802.	23	9	23	10	22	10	22	11	21	12	20
AN XI. 1803.-1804.	23	9	23	10	22	10	22	11	21	12	20
AN XII. 1804.-1805.	24	8	24	9	23	9	23	10	22	11	21
AN XIII. 1805.-1806.	23	9	23	10	22	10	22	11	21	12	20
AN XIV. 1806.	23	9	23	10	22	10	22	11	21	12	20
	Septembre.	Vendémiaire.	Octobre.	Brumaire.	Novembre.	Frimaire.	Décembre.	Nivôse.	Janvier.	Pluviôse.	Février.

ceux de la République Française et réciproquement.

1er Mars.	1er Germinal.	1er Avril.	1er Floréal.	1er Mai.	1er Prairial.	1er Juin.	1er Messidor.	1er Juillet.	1er Thermidor.	1er Août.	1er Fructidor.	1er Septembre.
11	21	12	20	12	20	13	19	13	19	14	18	15
11	21	12	20	12	20	13	19	13	19	14	18	15
11	21	12	20	12	20	13	19	13	19	14	18	15
11	21	12	20	12	20	13	19	13	19	14	18	15
11	21	12	20	12	20	13	19	13	19	14	18	15
11	21	12	20	12	20	13	19	13	19	14	18	15
11	21	12	20	12	20	13	19	13	19	14	18	15
10	22	11	21	11	21	12	20	12	20	13	19	14
10	22	11	21	11	21	12	20	12	20	13	19	14
10	22	11	21	11	21	12	20	12	20	13	19	14
10	22	11	21	11	21	12	20	12	20	13	19	14
10	22	11	21	11	21	12	20	12	20	13	19	14
10	22	11	21	11	21	12	20	12	20	13	19	14
10	22	11	21	11	21	12	20	12	20	13	19	14
Ventôse.	Mars.	Germinal.	Avril.	Floréal.	Mai.	Prairial.	Juin.	Messidor.	Juillet.	Thermidor.	Août.	Fructidor.

Modèle de Concordance *pour les jours de deux mois consécutifs de*

AN PREMIER DE LA RÉPUBLIQUE.							
	Vendémiaire.	Brumaire.	Frimaire.	Nivôse.		Fructidor.	Vendémiaire.
1	22	22	21	21		18	22
2	23	23	22	22		19	23
3	24	24	23	23		20	24
4	25	25	24	24		21	25
5	26	26	25	25		22	26
6	27	27	26	26		23	27
7	28	28	27	27		24	28
8	29	29	28	28		25	29
9	30	30	29	29		26	30
10	1	31	30	30		27	1
11	2	1	31	31		28	2
12	3	2	1	1		29	3
13	4	3	2	2		30	4
14	5	4	3	3		31	5
15	6	5	4	4		1	6
16	7	6	5	5		2	7
17	8	7	6	6		3	8
18	9	8	7	7		4	9
19	10	9	8	8		5	10
20	11	10	9	9		6	11
21	12	11	10	10		7	12
22	13	12	11	11		8	13
23	14	13	12	12		9	14
24	15	14	13	13		10	15
25	16	15	14	14		11	16
26	17	16	15	15		12	17
27	18	17	16	16		13	18
28	19	18	17	17		14	19
29	20	19	18	18		15	20
30	21	20	19	19		16	21
COMPLÉMENTAIRES.							
1						17	
2						18	
3						19	
4						20	
5						21	
6							

Vendémiaire : Septembre 1792. — Octobre 1792.
Brumaire : Octobre 1792. — Novembre 1792.
Frimaire : Novembre 1792. — Décembre 1792.
Nivôse : Décembre 1792. — Janvier 1793.
Fructidor : Août 1793. — Septembre 1793.
Vendémiaire : Septembre 1793. — Octobre 1793.

différent style, et pour le passage d'une année Républicaine à l'autre.

AN DEUX.				AN TROIS. *(An bissextil.)*				AN QUATRE.	
Brumaire.		Fructidor.		Vendémiaire.		Fructidor.		Vendémiaire.	Brumaire.
22	Octobre 1793.	18	Août 1794.	22	Septembre 1794.	18	Août 1795.	23	
23		19		23		19		24	
24		20		24		20		25	
25		21		25		21		26	
26		22		26		22		27	
27		23		27		23		28	
28		24		28		24		29	
29		25		29		25		30	
30		26		30		26		1	
31		27		1	Octobre 1794.	27		2	
1	Novembre 1793.	28		2		28		3	
2		29		3		29		4	
3		30		4		30	Septembre 1795.	5 etc.	
4		31		5		31			
5		1	Septembre 1794.	6		1			
6		2		7		2			
7		3		8		3			
8		4		9		4			
9		5		10		5			
10		6		11		6			
11		7		12		7			
12		8		13		8			
13		9		14		9			
14		10		15		10			
15		11		16		11			
16		12		17		12			
17		13		18		13			
18		14		19		14			
19		15		20		15			
20		16		21		16			
		17				17			
		18				18			
		19				19			
		20				20			
		21				21			
						22			

TABLEAUX

DE

RÉDUCTION

DES ANCIENNES MESURES LOCALES

DES CHEFS-LIEUX DE CANTON

DU DÉPARTEMENT DU LOT,

EN MESURES NOUVELLES

ET RÉCIPROQUEMENT ;

SAVOIR :

1º Mesures linéaires ; 2º Mesures pour les grains ; 3º Poids ; 4º Mesures du vin ;
5º Mesures du bois de chauffage ; 6º Poids de l'huile ;
7º Mesures agraires, ou de l'arpentage.

Après les tableaux qui concernent le Lot, viennent de semblables
réductions pour *Agen, Bourg-de-Visa, Caussade, Lafrançaise,
Lauzerte, Moissac, Molières, Montauban, Montpezat, Paris,
Sauveterre-du-Quercy, Toulouse, Valence-d'Agen, et Vazerac.*

DÉSIGNATION des poids et mesures.	MESURES ANCIENNES EN NOUVELLES.

1. CAHORS.

Mes. linéaire.	1re Canne (étoffes et bâtimens) = 8 pans de 8 p. 3 l. = 792 l. . . . . = 1 mètre. 786
idem.	2e Canne (détail des toiles) = 8 pans de 9 p. 2 l. = 880 l.. . . . . = 1 985
idem.	3e Canne (fabriques d'étoffes) = 8 pans de 8 p. 9 l. = 840 l. . . . . = 1 894
idem.	4e Canne (fabriques de toiles) = 8 pans de 9 p. 4 l. et 1⌡2 = 900 l. . . . . = 2 030
M. des grains.	La quarte=4 quartons=16 boisseaux = 256 onces. = 0 b. 78 litres. 000
Poids.	La livre (poids de table de Languedoc). . . . . . . = 407 gram. 922
Mes. du vin.	La barrique = 330 pauques = 30 veltes. . . . . . . = 220 litres. 000
B. de chauf.	La charretée. . . . . = 1 stère. 850
Pds de l'huile.	La livre. . . . . = 0 litres. 592
Mes. agraire.	La quartérée (élément linéaire : le pan de 8 p. 3 l.; la canne de 8 pans, et la latte de 20 pans) = 1600 cannes ou 256 lattes carrées = 4 quartonats = 16 boisselats = 256 onces. . . . . = 51 ares 07,20

2. FIGEAC.

Mes. linéaire.	La canne = 8 pans de 9 p. 3 l. = 6 p. 2 p. = 888 l. = 2 mètres.003
M. des grains.	Le setier = 8 quartons = 32 pennes = 128 pennons. = 1 h. 44 lit. 000
Poids.	La livre (poids de marc), voir n° 148. . . . . . .
Mes. du vin.	La charge = 2 comportes = 80 pintes =320 pauques. = 1 30 030
B. de chauf.	La canne (canne de Figeac) = 8 pans × 8 × 4. . . = 4 stères 019
Pds de l'huile.	La livre. . . . . = 0 litres 510
Mes. agraire.	La sétérée (élément linéaire : la canne de Figeac) = 1296 can. carrées = 8 quartons = 32 pennes = 128 pennons. . . . . = 52 ares 00,48

3. GOURDON.

Mes. linéaire.	1° L'aune de Paris (vente des toiles et étoffes étrangères): voir le n° 148. . . . .
idem.	2° L'aune de Gourdon (étoffes et toiles du pays) = 3 p. 2 p. 3 l. . . . . = 1 mètre. 035
idem.	3° La canne (toiles en gros) = 2 aunes de Gourdon = 918 l. . . . . = 2 070
M. des grains.	Le sac = 3 quartons = 48 coups ou 12 pugnères. . = 0h 84 lit. 600
Poids.	La livre (poids de table de Cahors). . . . .

MESURES NOUVELLES EN ANCIENNES.	RAPPORT POUR LES PRIX	
	des anciennes mesures aux nouvelles.	des nouvelles mesures aux anciennes.
1 mètre = o cannes 4 pans 4777.	1f : of,559	1f : 1f,786
1 idem, = o idem, 4 id., 0299.	1 : o, 503	1 : 1, 985
1 idem, = o idem, 4 id., 2218.	1 : o, 525	1 : 1, 894
1 idem, = o idem, 3 id., 9404.	1 : o, 492	1 : 2, 030
1 hect. = 1 quarte 1 quarton 1282.	1 : 1, 282	1 : o, 780
1 kilogr. = 2 livres 7 onces 2232.	1 : 2, 452	1 : o, 407
1 hect. = o barriq. 150 pauq. 0000.	1 : o, 459	1 : 2, 200
1 stère = o charr. 1|2 charr. 6247.	1 : o, 812	1 : 1, 231
1 litre = 1 livre 1|2 livre 3766.	1 : 1, 689	1 : o, 592
1 are = o qt.rées o qt.nats 0785.	1 : o, 019	1 : 51,072
1 mètre = o cannes 3 pans 3994.	1 : o, 499	1 : 2, 003
1 hect. = o setier 5 q.tons 5555.	1 : o, 694	1 : 1, 440
. . . .	1 : 2, 042	1 : o, 489
1 hect. = o charges 1 comp. 5357.	1 : o, 769	1 : 1, 300
1 stère = o cannes 1 pan 9910.	1 : o, 248	1 : 4, 019
1 litre = 1 livre 1|2 livre 9215.	1 : 1, 960	1 : o, 510
1 are = o séléré o q.tons 1538.	1 : o, 019	1 : 52,000
. . . .	1 : o, 850	1 : 1, 188
1 mètre = o aunes 1|2 aunes 9323.	1 : o, 966	1 : 1, 035
1 idem, = o cannes 1|4 9325.	1 : o, 918	1 : 2, 070
1 hectolitre = 1 sac o q.tons 5714.	1 : 1, 190	1 : o, 840
. . . .	1 : 2, 452	1 : o, 407

DÉSIGNATION des poids et mesures.	MESURES ANCIENNES EN NOUVELLES.
Mes. du vin.	Le baricot = 128 pintes = 256 pauques = 512 de-nades. . . . . = 2 h. 10 lit. 000
B. de chauf.	L'aune cube de Gourdon = (38 p. 3 l.). . . . . . = 1 stère 110
Pds de l'huile.	La livre (poids de table.). . . . . = 0 litres 610
Mes. agraire.	La quartonée (*élém. lin.* : pan de 8 p. 3 l. et canne de 8 pans) = 6 boisseaux = 12 demis-boisseaux = 4 pugnères = 16 coupes = 256 onces. . . . . . = 19 ares 15,20

4. BRÉTENOUX.

Mes. linéaire.	1° L'aune de Paris. *Voir* n° 123. . . . .
idem.	2° La canne = 2 aunes du pays = 6 p. 4 p. = 912 l. = 2 mètres 057
M. des grains.	Le setier = 2 émines = 4 quartes = 20 pugnères. . = 0 h. 69 lit. 800
Poids.	La livre (poids de marc). *Voir* n° 148. . . . . . .
Mes. du vin.	La baste = 24 pintes = 48 demis-quarts = 96 pauques. = 0 h. 42 lit. 90
B. de chauf.	La canne = 6 P. 4 p. × 6 P. 4 p. × 3 P. 2 p. . . . = 4 stères 353
Mes. agraire.	1° La stérée (*élém. lin.* : pan de 7 p. 6 lig , et pas géométr. ou canne de 5 P.) = 4 quartonées = 20 pugnères = 900 cannes carrées. . . . . = 23 ares 74,21
idem.	2° Le journal de vigne = 3 pugnes = 135 can. carr. = 3 59,46
idem.	3° Le journal de pré = 3 quartonées = 675 can. carr. = 17 80,65

5. CAJARC.

La mesure linéaire, celle du bois de chauffage et les poids sont les mêmes qu'à Figeac.

M. des grains.	Le sac = 5 quartons = 30 pennes = 120 pennons. = 0 h. 82 lit. 500
Mes. du vin.	La barrique = 4 barils = 100 pintes = 400 pauques. = 2 07 540
Mes. agraire.	La stérée (*élém. lin.* : canne de Figeac) = 384 lattes ou 1536 can. carr. = 8 quartonnats = 48 pennes = 192 pennons. . . . . = 61 ares. 63,53

6. CASTELNAU-MONTRATIER.

Mes. linéaire.	La canne (toiles et bois) = 9 pans de 8 p. 6 l. = 918 l. . . . . = 2 mètres 071
M. des grains.	La quarte = 4 quartons = 16 boisseaux = 256 onces. = 0 h. 72 litres 000
Poids.	La livre (poids de table). . . . . = 449 gram. 200
Mes. du vin.	La barrique = 28 veltes = 250 pintes = 500 pouchous. = 2 h. 11 lit. 270
B. de chauf.	La canne de 9 pans = 9 pans × 9 × 4 et 1|2. . . . = 4 stères 440

MESURES NOUVELLES EN ANCIENNES.	RAPPORT POUR LES PRIX	
	des anciennes mesures aux nouvelles.	des nouvelles mesures aux anciennes.
1 hect. = 0 barricots 60 pint. 9523.	1 : 0, 476	1 : 2, 100
1 stère = 0 aunes cubiq. 1|2 8018.	1 : 0, 909	1 : 1, 100
1 litre = 1 livre 1|2. . . . . 2786.	1 : 1, 639	1 : 0, 600
1 are = 0 quartonnées 0 pug. 2088.	1 : 0, 939	1 : 19,192
. . . .	1 : 0, 850	1 : 1, 188
1 mètre = 0 cannes 3 pans 8842.	1 : 0, 486	1 : 2, 057
1 hectol. = 1 setier 1 quarte 7306.	1 : 1, 432	1 : 0, 698
. . . .	1 : 2, 042	1 : 0, 489
1 hectol. = 2 bastes 7 pintes 4778.	1 : 2, 331	1 : 0, 429
1 stère = 0 cannes 1 pan . . 8378.	1 : 0, 229	1 : 4, 353
1 are = 0 sétérées 0 qt.nées.. 1684.	1 : 0, 042	1 : 23,742
. . . .	1 : 0, 278	1 : 3, 594
. . . .	1 : 0, 056	1 : 17,806
1 hectol. = 1 sac 1 quarton 0606.	1 : 1, 212	1 : 0, 825
1 hectol. = 0 barriq. 1 bar.. 9273.	1 : 0, 481	1 : 2, 075
1 are = 0 sétérées 0 qt.nals.. 1297.	1 : 0, 016	1 : 61,636
1 mètre = 0 cannes 4 pans. . 3460.	1 : 0, 482	1 : 2, 071
1 hectol. = 1 quarte 1 q.ton 5555.	1 : 1, 388	1 : 0, 720
1 kilogr. = 2 livres 3 onces 6191.	1 : 2, 226	1 : 0, 449
1 hect. = 0 barriq. 118 pintes 3319.	1 : 0, 473	1 : 2, 112
1 stère = 0 cannes 2 pans. . 0270.	1 : 0, 225	1 : 4, 440

DESIGNATION des poids et mesures.	MESURES ANCIENNES EN NOUVELLES.
Mes. agraire.	1° La quartérée (*élém. lin.* : le pan de 8 p. 4 l.; la canne de 8 pans ; et la latte de 20 pans) = 1000 cannes ou 160 latt. carr. = 4 quartonats = 16 boisselats = 256 onces.. . . . . = 32 ares 56,81
	2° La sétérée , mesure cadastrale = 8000 cannes = 1280 latt. carr. . . . . = 260 54,48

7. CATUS.

Les poids et mesures de Catus sont les mêmes qu'à Cahors.

8. CAZALS.

Les poids , les mesures linéaires , ainsi que celles du vin et des terres sont les mêmes qu'à Cahors.

M. des grains.	La quarte = 4 quartons = 16 boisseaux = 256 onces. = 0 h. 87 lit. 750
B. de chauf.	La brasse = 6 pieds $\times$ 6 $\times$ 3. . . . . = 3 stères 709

9. DURAVEL.

Mes. agraire.	La quartérée (*élém. lin.* : pan de 8 p. 4 l. et latte de 18 pans) = 144 lattes carr. = 4 quartonats = 16 boisselats. . . . . = 23 ares 74,21

10. FLORESSAS.

Mes. agraire.	La quartérée (*élém. lin.* : pan de 8 p. 4 l. et latte de 20 pans) = 240 latt. carr. = 4 quartonats = 16 boisselats = 256 onces. . . . . = 48 ares 85,21

11. GRAMAT.

Mes. linéaire.	Canne de Brétenoux. . . . .
M. des grains.	L'émine = 1|2 sétier = 4 quartons = 20 pugnères. = 0 h. 70 lit. 000
Poids.	La livre (pois de table). . . . . = 428 gram. 318
Mes. du vin.	La barrique = 2 charges = 4 barils = 96 pintes. . . = 2 h. 00 220
Mes. agraire.	La sétérée (*élém. lin.* : pas géométr. ou canne de 5 P.) = 2048 can. carr. = 2 émines = 8 quartons = 40 pugnères. . . . . = 54 ares 02,66

L'avoine se vendait à Gramat à la mesure de Cahors.

MESURES NOUVELLES EN- ANCIENNES.	RAPPORT POUR LES PRIX	
	des anciennes mesures aux nouvelles.	des nouvelles mesures aux anciennes.
1 are = o qt.rées o qt.nals 1228.	1 : 0, 030	1 :32, 568
1 are = o sétérées 3 onces 9302.	1 : 0, 003	1 :260,545
1 hect. = 1 quarte o quarton 5584.	1 : 1, 139	1 : 0, 877
1 stére = o brasses 1 pied... 6176.	1 : 0, 273	1 : 3, 709
1 are = o qt.rées 10 onces 7833.	1 : 0, 041	1 :13, 742
1 are = o qt.rées 5 onces.. 2430.	1 : 0, 204	1 :48, 852
1 hectol. = 1 émin. 1 q.ton 7142.	1 : 1, 428	1 : 0, 700
1 kilogr. = 2 livres 5 onces 3554.	1 : 2, 334	1 : 0, 428
1 hectol. = o barriq. 1 baril 9978.	1 : 0, 499	1 : 2, 002
1 are = o sétéré o q.tons 1480.	1 : 0, 018	1 : 54,026

DESIGNATION des poids et mesures.	MESURES ANCIENNES EN NOUVELLES.

12. LABASTIDE-FORTUNIÈRE.

Labastide a les mêmes poids et mesures que Cahors.

13. LACAPELLE-MARIVAL.

Les poids, les mesures linéaires, celles des grains, du bois de chauffage et des terres sont les mêmes qu'à Figeac.

Mes. du vin. — La charge = 2 comportes = 60 pintes = 240 pauques. = 1 h. 25 lit. 520

14. LALBENQUE.

Lalbenque a pour mesures linéaires la canne de Figeac, et pour les grains, le bois de chauffage et les terres, les mêmes poids et mesures que Cahors. Le poids est la livre poids de marc (148).

Mes. du vin. — La barrique = 150 pintes ou pichés = 300 pouchous. = 2 h. 21 lit. 10

15. LALAURIE.

Mes. agraire. — La quartérée (*élém. lin.* : pan de 8 p. 4. l. et latte de 18 pans) = 256 latt. carr. = 4 quartonats = 16 boisselats = 256 onces. . . . . = 42 ares 20,83

16. LATRONQUIÈRE.

Mêmes poids et mesures qu'à Figeac.

17. LAUZÉS.

A Lauzés, la mesure linéaire est la canne de Gramat ; les autres poids et mesures sont ceux de Cahors.

18. LIMOGNE.

M. des grains. — La quarte = 4 pugnères = 16 pauques. . . . . =
Mes. du vin. — La barrique = 28 veltes = 340 pauques. . . . . . . =
Mes. agraire. — La quartérée (*élém. lin.* : pan de 9 p. 3 l. et canne de 8 pans) = 1024 cann. carr. = 4 quartonats = 16 boisselats. . . . . =

La mesure linéaire est ici la canne de Figeac ; le poids et la mesure du bois de chauffage sont ceux de Cahors.

MESURES NOUVELLES EN ANCIENNES.	RAPPORT POUR LES PRIX	
	des anciennes mesures aux nouvelles.	des nouvelles mesures aux anciennes.
1 hectol. = 0 charg. 47 pintes 8011..........	1 : 0, 796	1 : 1, 255
1 hectol. = 0 barriq. 67 pintes 8426..........	1 : 0, 452	1 : 2, 211
1 are = 0 qt.rées 6 onces..... 0651..........	1 : 0, 023	1 :42, 208

DÉSIGNATION des poids et mesures.	MESURES ANCIENNES EN NOUVELLES.

19. LIVERNON.

Mes. du vin. Le poinçon = 2 charges = 4 barils = 100 pintes = 400 pauques. . . . . =

Les autres poids et mesures de Livernon sont les mêmes que ceux de Figeac.

20. LUZECH.

Luzech a les mêmes poids et mesures que Cahors, excepté pour le bois de chauffage, qui se mesure à la brasse comme à Cazals ; la 2ᶜ canne de Cahors est celle de Luzech.

21. MARTEL.

Mes. linéaire. L'aune de Paris. *Voir* Brétenoux. . . . .

M. des grains. Le setier = 4 quartons = 20 pugnères = 80|4 de pugnères. . . . . = 0ᴸ. 88 lit. 000

Poids. La livre (poids de marc): *Voir* nº 148 *et* Brétenoux.

Mes. du vin. La pagelle = 36 pintes = 72 bouteil. = 144 pauques. = 0ʰ. 62 lit 300

B. de chauf. La brasse = 5 pieds $\times$ 5 $\times$ 3 = 75 pieds cubes . . = 2 stères 570

Mes. agraire. La quartonée (*élém. lin.* : pan de 7 p. 6 l. et canne de 5 pieds) = 400 cannes carr. = 5 pugnères. . . . = 10 ares 55,21

22. MIERS ET PADIRAC.

Mes. agraire. La sétérée (*élém. lin.* : pan de 7 p. 6 l. et canne de 8 pans) = 1764 can. carr. = 4 quartes = 8 quartons = 24 pugnères. . . . . = 46   53,46

23. MONCUQ.

Mes. linéaire. 1º Canne (bois de construct.) = la canne de Figeac.

2ᵉ Canne (toiles) = la toise = 9 pans de 8 p. . . . = 1 mètre. 949

3ᵉ Canne (étoffes de laine) = 8 pans de 7 p. 9 l. = 744 l. . . . . = 1   678

M. des grains. La quarte = 4 quartons = 16 boisseaux. . . . . . = 0ʰ. 71 litres. 90

Poids. La livre (le poids de table le plus faible du départ). = 392 gram. 200

Mes. du vin. La barrique = 28 verges = 184 pots. . . . . = 2 ʰ. 05 lit. 330

MESURES NOUVELLES EN ANCIENNES.	RAPPORT POUR LE PRIX	
	des anciennes mesures aux nouvelles.	des nouvelles mesures aux anciennes.
1 hect. = 1 setier o q.tons 5454..........	1 : 1, 136	1 : 0, 880
1 hectol. = 1 pagel. 21 pint. 7849..........	1 : 1, 605	1 : 0, 623
1 stère = o brasses 1 pied.... 9455..........	1 : 0, 389	1 : 2, 570
1 are = o quartonées........... 0914..........	1 : 0, 091	1 : 10,552
1 are = o sélérées o quartes. 8595..........	1 : 0, 021	1 : 46,534
1 mètre = o cannes 4 pans 6177..........	1 : 0, 513	1 : 1, 949
1 mètre = o cannes 4 pans 7675..........	1 : 0, 589	1 : 1, 678
1 hectol. = 1 quarte 1 q.ton 5632..........	1 : 1, 390	1 : 0, 719
1 kilogr. = 2 livres 8 onces 7955..........	1 : 2, 519	1 : 0, 392
1 hectol. = o barriq. 89 pots 6118..........	1 : 0, 487	1 : 2, 053

DÉSIGNATION des poids et mesures.	MESURES ANCIENNES EN NOUVELLES.
Mes. agraire.	1° La quartérée cadastrale (*élém. lin.* : pan de 8 p. 4 l.; canne de 8 pans; et la latte de 18 pans) $=$ 240 lattes ou 1215 cann. carr. $= 4$ quartonats $=$ 16 boisselats. . . . . $=$ 39 ares 57,02
	2° La quartérée, mesure locale $=$ 200 lattes ou 1012 et 1|2 cannes carrées $= 4$ quartonats $=$ 16 boisselats . . . . $=$ 32 97,52

24. MONTFAUCON.

Mes. agraire.	La quarte (*élém. lin.* : pan de 8 p. 3 l. et canne de 8 pans) $= 2$ quartons et demi $=$ 15 boisseaux $=$ 30 saliers $= 480$ onces. . . . . $=$ 45 96,48

25. PAYRAC.

Mes. du vin.	La barrique $= 5$ hastes $=$ 105 pintes $= 420$ pauques. $=$ 2 h. 05 lit. 590

Les autres poids et mesures de Payrac sont les mêmes qu'à Gourdon.

26. PUY-LÉVÊQUE.

Mes. linéaire.	La canne $= 9$ pans de 8 p. 4 l. $= 900$ l. . . . . $=$ 2 mètres 030
M. des grains.	La quarte $= 4$ quartons $=$ 16 boisseaux. . . . . $=$ 0 h. 66 litres 800
Poids.	La livre (pois de table). . . . . $=$ 427 gram. 000
Mes. du vin.	La barrique $=$ 200 bouteilles $= 400$ pauques. . . . $=$ 200 litres. 000
B. de chauf.	La brasse $=$ la 1|2 toise cube ou la mesure de Cazals.
Mes. agraire.	La quartérée (*élém. lin.* : pan de 8 p. 4 l.; canne de 8 pans, et la latte de 18 pans) $=$ 192 lattes ou 972 can. carr. $= 4$ quartonats . . . . $=$ 31 ares 65,62

27. ROCAMADOUR.

Mes. agraire.	La sétérée (*élém. lin.* : pan de 9 p. 6 l. et canne de 8 pans) $=$ 1152 cannes carr. $= 8$ quartons $= 24$ pugnères. . . . . $=$ 48 ares 75,90

On emploie aussi à Rocamadour la mesure des terres de Gramat.

28. SAINT-CÉRÉ.

M. des grains.	Le setier $= 4$ quartes $=$ 28 pugnères. . . . . $=$ 0 h. 80 lit. 720

MESURES NOUVELLES EN ANCIENNES.	RAPPORT POUR LE PRIX	
	des anciennes mesures aux nouvelles.	des nouvelles mesures aux anciennes.
1 are = o qt.rées o qt.nats... 1010.	1 : o, o25	1 : 39,570
1 are = o qt.rées o qt.nats. . 1213.	1 : o, o3o	1 : 32,975
1 are = o quartes 10 onces.. 4427.	1 : o, 217	1 : 45,964
1 hectol. = o barriq. 2 bastes 4320.	1 : o, 486	1 : 2, o56
1 mètre = o cannes 4 pans 4334.	1 : o, 492	1 : 2, o3o
1 hectol. = 1 quarte 1 q.ton o896.	1 : 1, 497	1 : o, 668
1 kilogr. = 2 livres 5 onces 4707.	1 : 2, 341	1 : o, 427
1 hectol. = 1|2 barrique ou 100 bouteilles.	1 : o, 5oo	1 : 2, ooo
1 are = o qt.rées 5 onces.... o869.	1 : o, o31	1 : 31,652
1 are = o sélérées o pugnères 4922.	1 : o, o2o	1 : 48,759
1 hectol. = 1 setier 6 pugnèr. 6878.	1 : 1, 238	1 : o, 807

DÉSIGNATION des poids et mesures.	MESURES ANCIENNES EN NOUVELLES.
Mes. du vin.	La charge = 2 comportes fermées = 3 bastes = 240 pauques. = 1 h. 11 lit. 150
Mes. agraire.	La sétérée (*élém. lin.* : pan de 9 p. 6. l. et canne de 6 P. 4 p.) = 784 can. carr. = 4 quartérées = 2 quartonées = 28 pugnères. . . . . = 23 ares 18,32

Les mesures linéaires, les poids, et la mesure du bois de chauffage sont les mêmes qu'à Brétenoux.

29. SAINT-GERMAIN.

Mêmes poids et mesures qu'à Gourdon.

30. SAINT-GÉRY.

Mêmes poids et mesures qu'à Cahors.

31. SALVIAC.

M. des grains.	La quarte = 4 quartons = 16 pugnères = 64 coups = 0 h. 84 lit. 00

La mesure des terres est ici la quartérée de Cahors ; les autres poids et mesures sont ceux de Gourdon.

32. SAULIAC.

Mes. agraire.	Le quartonat (*élém. lin.* : pan de 9 p. 3 l. et canne de 8 pans) = 192 can. carr. = la sétérée de Cajarc.

33. SOUILLAC.

Mes. linéaire.	L'aune de Paris. *Voir* n° 148, et Brétenoux. . . . .
M. des grains.	Le sac = 5 quartons = 20 pugnères. . . . . = 0 h. 87 lit. 500
Poids.	La livre de Gramat. . . . .
Mes. du vin.	La barrique = 105 pintes = 420 pauques. . . . . . = 2 05 59
Mes. agraire.	La quartérée (*élém. lin.* : pan de 7 p. 6 lig., et pas géométr. ou canne de 5 P.) = 324 cann. carr. = 4 pugnères. = 8 ares. 54,72

34. VAYRAC.

Mêmes poids et mesures qu'à Martel.

MESURES NOUVELLES EN ANCIENNES.	RAPPORT POUR LES PRIX	
	des anciennes mesures aux nouvelles.	des nouvelles mesures aux anciennes.
1 hectol. = o charg. 215 pauq. 8796.	1 : 0, 910	1 : 1, 111
1 are = o sétérées o pugnères 8438.	1 : 0, 030	1 : 33,183
1 hectol. = 1 quarte 3 pugn. 0476.	1 : 1, 190	1 : 0, 840
1 hectol. = 1 sac 2 pugnères. 8571.	1 : 1, 142	1 : 0, 875
1 hectol. = o barriq. 204 pauq. 2901.	1 : 0, 486	1 : 2, 055
1 are = o qt.nées o pugnères. 4679.	1 : 0, 116	1 : 8, 547

8

DÉSIGNATION des poids et mesures.	MESURES ANCIENNES EN NOUVELLES.

SUPPLÉMENT.

55. AGEN.

Mes. linéaire.	L'aune. . . . . =	1 mètres 191
	La canne = 8 pans de 8 p. 2,196. . . . . =	1 786
M. des grains.	Le sac = 4 quartons = 32 picotins: . . . . =	87 litres 988
Mes. du vin.	La barrique = 100 pots = 200 bouteilles = 600 ro- quilles = 300 grands pintons. . . . . =	197 097
B. de chauf.	La canne. =	3 stères 111
Mes. agraire.	La quartérée (*élém. lin.* : la latte de 12 P. 7 p. 9 l.) = 8 q.nats = 64 picotins = 432 lat. car. . . . . . =	72 ares 89,79

56. BOURG-DE-VISA.

M. des grains.	Le sac = 4 quartons = 16 boisseaux. . . . . =	0 h. 91 lit. 830
B. de chauf.	(*Élém. lin.* : can. de 8 pans de 8 p.)8 pans × 8 × 4. =	2 stères 600
Mes. agraire.	La quartérée (*élém. lin.* : pan de 8 p.; canne de 8 pans et latte de 18 pans) = 480 latt. carr. = 8 q.nats = 32 boisselats. . . . . =	72 ares 93,59

57. CAUSSADE.

Mes. linéaire.	La canne de 9 pans de Castelnau.	
M. des grains.	La quarte = 4 pugnères = 16 boisseaux. . . . . . . =	0 h. 63 lit. 810
B. de chauf.	Mesure de Montauban ; *voir plus bas* Montauban. .	
Mes. agraire.	La quartérée (*élém. lin.* : pan de 8 p. 6 l. et canne de 8 pans) = 1600 can. carr. = 4 pugnères ou quar- tonats. =	54 ares 2242

58. LAFRANÇAISE.

Mes. linéaire.	La cann. de 8 pans de 8 p. 4 l. de Moissac ; *voir* Moissac.	
Mes. agraire.	Le quartonat (*élém. lin.* : pan de 8 p. 6. l., canne de 8 pans et latte de 18 pans) = 567 cann. carr. = 4 boisselats = 8 coups. . . . . =	19 ares 21,21

59. LAUZERTE.

Mes. linéaire.	La cann. de 8 pans de 8 p. 4 l. de Moissac ; *voir* Moissac.	
B. de chauf.	(*Élém. lin.* : canne de 9 pans de 8 p. 4 l.) la canne. =	4 stère. 184
Mes. agraire.	La quartérée = la quartérée cadastrale de Moncuq ; *voir* Moncuq.	

MESURES NOUVELLES EN ANCIENNES.	RAPPORT POUR LE PRIX	
	des anciennes mesures aux nouvelles.	des nouvelles mesures aux anciennes.
1 mètre = 0 aunes...... 7063...........	1 : 0, 839	1 : 1, 191
1 mètre = 0 cannes 4 pans... 1002..........	1 : 0, 559	1 : 1, 786
1 hect. = 1 sac 0 quartons... 5233..........	1 : 1, 136	1 : 0, 879
1 hect. = 0 barriq. 50 pots.. 7364..........	1 : 0, 507	1 : 1, 970
1 stère = 0 cannes............ 3214........	1 : 0, 321	1 : 3, 111
1 are = q.térée 0 qt.nat 0 pic. 8779.........	1 : 0, 013	1 : 72,897
1 hectol. = 1 sac 1 boisseau 4234..........	1 : 1, 088	1 : 0, 918
1 stère = 0 cannes 3 pans... 3333..........	1 : 0, 384	1 : 2, 600
1 are = 0 qt.rées 6 latt. car. 5811..........	1 : 0, 013	1 : 72,935
1 hectol. = 1 quarte 9 boiss. 0744..........	1 : 1, 567	1 : 0, 638
1 are = 0 qt.rées 4 onces.. 7211...........	1 : 0, 018	1 : 54,224
1 are = 0 qt.nats 5 latt. car. 8296..........	1 : 0, 035	1 : 19,212
1 stère = 0 cannes 2 pans.... 1510..........	1 : 0, 215	1 : 4, 184

DÉSIGNATION des poids et mesures.	MESURES ANCIENNES EN NOUVELLES.

40. MOISSAC.

Mes. linéaire.	La canne = 8 pans de 8 p. 4 l. = 800 l. . . . . = 1 mètre 804
M. des grains.	Le sac = 3 quartons = 12 boisseaux = 48 coups. . = 0 h. 02 lit. 000
B. de chauf.	La canne de 8 pans de 8 p. 4 l. = 8 pans × 8 × 6. = 4 stères 408
Mes. du vin.	La barrique = 100 quarts = 200 pichés = 4 pouchous. = 2 h. 10 lit. 100
Mes. agraire.	La sétérée (*élém. lin.* : pan de 8 p. 7 l. et latte de 18 pans) = 1800 lattes carrées = 4 quartrées = 16 quartonats = 64 boisselats = 256 picotins = 1024 lopins. . . . . = 314 ares 85,05

41. MOLIÈRES.

Mes. linéaire.	La canne = 8 pans de 8 p. 8 l. = 832 lignes. . . . = 1 mètre. 876
M. des grains.	La quarte = 4 q.tons = 16 boiss. = 64 quarts de boiss. = 0 b. 77 lit. 290
Mes. agraire.	La stérée (*élém. lin.* : pan de 8 p. 8 l. ; can. de 8 pans et latte de 20 pans) = 8000 can. carr. = 4 qt.rées = 16 q.tons = 64 boisseaux. . . . . = 281 ares 80,52

42. MONTAUBAN.

Mes. linéaire.	La canne = 8 pans de 8 p. 6 l. = 816 l. . . . . . . = 1 mètres 840
M. des grains.	Le setier = 2 sacs = 8 rases = 64 boiss. ou coups. = 2 h. 24 lit. 220
Mes. du vin.	La barrique = 30 veltes = 120 quarts = 480 pouchous. = 2 22 222
B. de chauf.	La canne (de 8 pans de 8 p. 6 l.) = 8 pans × 8 × 5 + 1⁄4. . . . . = 4 stères 093
Poids.	La livre (pois de table). . . . . = 425 gram. 657
P⁰ˢ de l'huile.	La livre. = 0 litres 463
Mes. agraire.	La sétérée (*élém. lin.* : canne de 8 pans de 8 p. 6 l.) = 2640 cannes carrées = 8 rasées = 64 coups = encore 660 perches carrées. . . . . = 89 ares 45,34

43. MONTPEZAT.

M. des grains.	La quarte = 4 quartons = 16 boisseaux = 64 quarts de boisseaux. . . . . = 0 h. 66 lit. 400
Mes. agraire.	La quartérée (*élém. lin.* : pan de 8 p. 6 l. et can. de 8 pans = en mesure prime la moitié de la mesure grosse ou cadastrale) 1000 cann. carr. = 4 quartonats = 16 boisselats = 256 onces. . . . . . . = 33 ares 88,38

MESURES NOUVELLES EN ANCIENNES.	RAPPORT POUR LES PRIX	
	des anciennes mesures aux nouvelles.	des nouvelles mesures aux anciennes.
1 mètre = o cannes 4 pans 4345.	1 : 0, 554	1 : 1, 804
1 hectol. = o sacs 2 q.tons.. 9509.	1 : 0, 980	1 : 1, 020
1 stère = o cannes 1 pan . . 8148.	1 : 0, 227	1 : 4, 408
1 hect. = o barriq. 47 quarts 8819.	1 : 0, 475	1 : 2, 101
1 are = o sétérées 3 lopins... 2523.	1 : 0, 003	1 :314,850
1 mètre = o cannes 4 pans 2643.	1 : 0, 533	1 : 1, 876
1 hectol. = 1 quarte 1 q.ton 1753.	1 : 1, 293	1 : 0, 773
1 are = o sétérée 4 lattes 5421.	1 : 0, 002	1 :281,805
1 mètre = o cannes 4 pans 3483.	1 : 0, 543	1 : 1, 840
1 hectol. = o setiers 3 rases 5678.	1 : 0, 445	1 : 2, 242
1 hectol.= o barriq. 54 quarts 0000.	1 : 0, 450	1 : 2, 222
1 stère = o cannes 1 pan..... 9545.	1 : 0, 246	1 : 4, 093
1 kilogr. = o livres 5 onces 5889.	1 : 2, 349	1 : 0, 425
1 litre = 2 livres 1|8............ 2802.	1 : 2, 159	1 : 0, 463
1 are = o sétérées 29 can. car. 5126.	1 : 0, 011	1 : 89,453
1 hectol. = 1 quarte 2 boiss. 0090.	1 : 1, 506	1 : 0, 664
1 are = o qt.rées 7 onces...... 5552.	1 : 0, 029	1 : 33,884

DESIGNATION des poids et mesures.	MESURES ANCIENNES EN NOUVELLES.
	### 44. PARIS.
Mes. agraire.	L'arpent (*élém. lin.* : la perche de 18 pieds de roi) = 100 perches ou 32400o pieds carrés . . . . = 34 ares. 18,87
	### 45. SAUVETERRE.
Mes. agraire.	A mesure locale de Moncuq. . . . .
	### 46. TOULOUSE.
Mes. linéaire.	La Canne = 8 empans ou pans = 796 l. et 1|5 = 398 1|5 de ligne. . . . . = 1 mètre. 796
Mes. agraire.	L'arpent (*élément lin.* : la perche de 14 empans) = 576 perches carr. = 4 pugnères = 32 boisseaux. . = 56 ares 90,56
	### 47. VALENCE-D'AGEN.
Mes. linéaire.	La canne = 8 pans. . . . . = 1 mètre 786
M. des grains.	Le sac = 3 quartons = 48 coupes . . . . = 1 h. o5 lit. 5oo
Mes. agraire.	La quartérée = 8 quartonats = 64 picotins = 432 lattes carrées. = 72 ares 85,00
	### 48. VAZERAC.
Mes. agraire.	La quartérée (*élém. lin.* : pan de 8 p. 4 l. et canne de 8 pans) = 1215 can. carr. = 4 quartonats = 16 boisseaux = 256 onces. . . . . = 39 ares 57,02

Supplément à la page 98.

49. LIMOGNE.

La mesure linéaire est ici la canne de Figeac ; le poids et la mesure du bois de chauffage sont ceux de Cahors.

M. des grains.	La quarte = 4 pugnères = 16 pauques. . . . . = 24 litres o3o
Mes. du vin.	La barrique = 28 veltes = 34o pauques. . . . . . . = 204 000
Mes. agraire	La quartérée (*élém. lin.* : pan de 9 p. 3 l. et can. de 8 pans) = 1024 cann. carrées = 4 quartonats 16 boisselats . . . . = 41 ares 09,02

MESURES NOUVELLES EN ANCIENNES.	RAPPORT POUR LE PRIX	
	des anciennes mesures aux nouvelles.	des nouvelles mesures aux anciennes.
1 are = 0 arpens 2 perches. 9249.	1 : 0, 029	1 : 43,188
1 mètre = 0 cannes 4 pans. . 4543.	1 : 0, 556	1 : 1, 796
1 are = 0 arpens 10 perches. 1220.	1 : 0, 017	1 : 56,905
1 mètre = 0 cannes 4 pans. . 5352.	1 : 0, 559	1 : 1, 786
1 hectol. = 0 sac 2 quartons 8388.	1 : 0, 947	1 : 1, 055
1 are = 0 qt.rées 5 lattes. . . 9299.	1 : 0, 013	1 : 72,850
1 are = 0 qt.rées 6 onces. . . 4695.	1 : 0, 025	1 : 39,570
1 hectol. = 4 quartes 2 pauq. 5890.	1 : 4, 161	1 : 0, 240
1 hectol. = 166 pauques. . . . . 6666.	1 : 0, 490	1 : 2, 040
1 are = 0 quartérées 6 onces 2302.	1 : 0, 024	1 : 41,090

MESURE DES TERRES

POUR LES COMMUNES CI-APRÈS.

Les communes qui suivent ont pour mesures agraires celles de l'un des lieux exposés dans les tableaux précédents. Le n.° *placé vis-à-vis chaque commune indique ce lieu.*

Anglars.	2	Concots.	18
Arques (les).	1	Corn et Roquefort.	2
Assier.	2	Crémps.	1
Aujols.	1	Cressensac.	21
Autoire.	28	Cuzance.	21
Bagat et Lasbouygues.	1	Degagnac.	1
Aynac.	2	Douelle et Cessac.	1
Beauregard.	18	Durbans.	2
Béduer.	2	Durfort.	42
Bélay.	23	Escamps.	1
Belfort.	1	Espédaillac.	2
Belmontel.	23	Espère.	1
Blars.	2	Ginouillac.	3
Boussac.	2	Fargues et Farguettes.	1
Bouyssou.	2	Felzins.	2
Bringues.	2	Flaujac.	1
Cabrerets.	18	Flaujac.	2
Calamane.	1	Fons.	2
Cambayrac.	1	Fontanes.	1
Cambouli.	2	Francoulés.	1
Camburat.	2	Gignac.	21
Caniac.	1	Gorses.	2
Capdenac.	2	GRÉALOU.	2
Cardaillac.	2	Lherm.	1
Carennac.	4	Issepts.	2
Castelfranc.	1	Lhospitalet.	1
Césac.	23	Labastide-Marnhac.	1
Cazès-Mondenard.	40	Labouffie et Saint-Paul.	6

QUESTIONS

I. N.° (148.)

1.° *Que valent, en mesures nouvelles, 12 toises 4 pieds
7 pouces 10 lignes ?*

Réponse : 24,^{m}895.

2.° *Un devis présente un ouvrage de 248 mètres, 754 millimètres ; à combien de toises répond cette valeur ?*

Rép. : Le mètre = 3 P. 11 l., 296; donc 248,^{m}754 =

$$3 \text{ P. } 11,^l 296 \times 248,^m 754 = \frac{443296}{864000} \times 248,^m 754 = 127$$

toises 3 pieds 9 pouces.

II. N.° (159.)

*Quel âge aurait en 1834 un homme né le 12 germinal de
l'an IV de la République française ?*

Réponse : D'après le premier tableau de concordance,
le 1.er germinal de l'an IV répond au 21 mars 1796, et
d'après le deuxième tableau, le 12 germinal était le 1.er
avril 1796, comme le prouve encore le premier tableau ;
donc 1795 ans 3 mois ôtés de 1833 donnent 37 ans 9 mois
pour l'âge demandé.

III.

1.° *Que valent en mètres 8 cannes 3 pans d'étoffe de
Cahors ?*

Réponse : 8 cannes = 1,^{m}786 × 8 = 14,^{m}288; 3 pans
= 1,786 × ⅝ = 0,6696 : Total = 14,^{m}957.

2.° *On commande* 241,^{m}356 *de toile à un fabricant de Ca-hors ; que vaut cette quantité en cannes ?*

Réponse : 1 mètre = 3 pans, 9404; donc 241,^{m}356 = 3,9404 × 241,356 = 951,039 pans = 106,^{can}379...

3.° *Un propriétaire de Figeac veut vendre* 45 *setiers* 3 *quartons de blé. Combien doit-il livrer d'hectolitres de blé ?*

Réponse : 45 setiers = 1,^{h}44 × 45 = 64,^{h}80 ; 3 quartons = 1,^{h}44 × ⅜ = 0,^{h}54 : Total = 65,^{h}34.

4.° *Trouver ce que valent en litres* 12 *baricots de vin de Gourdon.*

Réponse : 12 baricots = 210 × 12 = 25,^{h}20.

5.° *Combien valent de stères* 5 *cannes de bois de chauffage de Montauban ?*

Réponse : 5 cannes = 4,093 × 5 = 20,st465.

6.° *Une pièce de terre située à Castelnau-Montratier con-tient* 5 *quartérées* 3 *quartonats. Comment faut-il dire en me-sures nouvelles ?*

Réponse : 5 quartérées = 32,^{ar}5681 × 5 = 163,^{ar}8405; 3 quartonats = 32,5681 × ¾ = 24,^{ar}426 : Total = 218,^{ar}5389.

7.° *Si le sac de blé de Moissac vaut* 25,^{f}34 , *combien vau-dra l'hectolitre ?*

Réponse : L'hectolitre vaudra 0,^{f}980 × 25,34 ou bien 24,^{f}833.

Réciproquement, si l'hectolitre est à 24,^{f}833, la quarte sera 24,833 × 1,02 ou 25,329.....

TABLE D'INTÉRÊT A 5 P. °/₀.

CAPITAL.	UN AN.	UN MOIS.	UNE SEMAINE.	UN JOUR.	NOTA.
1000	50, 000	4,1666	0,9716	0, 1388	Pour les taux supérieurs, il n'y a qu'à ajouter à l'intérêt de 1000 autant de fois 10 qu'il y a d'unités au-dessus des 5 p. °[o.
500	25, 000	2,0833	0,4858	0, 0694	
100	5, 000	0,4166	0,0971	0, 0138	
50	2, 500	0,2083	0,0485	0, 0069	
25	1, 250	0,1041	0,0242	0, 0034	
10 *	0, 500	0,0416	0,0096	0, 0012	
5	0, 250	0,0208	0,0048	0, 0006	* Ce nombre prend souvent le nom de *pistole*.
1	0, 050	0,0041	0,0009	0, 00001	
0,05	0,0025	»	»	»	

Réduction de quelques monnaies étrangères en francs.

ANGLETERRE.	f	NAPLES.		AUTRICHE.	
1 Pence......	0,10	Carlin.................	0,42	Ducat de l'empire.	11,86
1 Schelling..	1,16	Ducat (10 carlins)...	4,25	Ducat de Hongrie.	11,90
1 Crown	5,80	Décuple (30 ducats).	129,90	Souverain	17,58
1 Guinée.....	26,47			Écu ou Risdale......	5,19
				10 Kreutzers	0,43
ESPAGNE.		SUISSE.		PRUSSE.	
Réal de 1.....	0,54			Ducat.....	11,97
Réal de 2.....	1,08	Florin (15 batz)	2.28	Frédéric.............	20,80
Piastre........	5,43	Franc (Berne)........	1,50	Risdale............. ..	3,74
Écu.............	10,18	Écu (Zurich)........	5,90	Gros	0,15
Doublon	84,51			RUSSIE.	
		HOLLANDE.		Ducat	11,59
ROME.		Ducat	11,93	Impériale.............	52,38
Écu	5,38	Florin	2,15		
Pistole	17,27	Risdale................	5,48	SUÈDE.	
Sequin........	11,80	Ryder.................	31,65	Ducat	11,70

TABLE DES MATIÈRES.

FIN DE LA TABLE.

ERRATA.

Pages.	Lignes.			
5	19.	*Millionnième,* dites *cent-millièmes.*		
6	21-22.	*En tiers,*	—	*en-tiers.*
27	17.	Supprimez,	—	*ou impairs.*
42	16.	*Chacun,*	—	*chacune.*
50	29.	21,	—	12.
59	13.	$\dfrac{36000}{13056}$,	—	$\dfrac{36000}{13056}$.
60	4.	*Le deuxième,*	—	*le premier.*
66	23.	N.° 150,	—	N.° 159.
67	18.	Unités,	—	unité.
69	00.	*Voir* observ. 1.° p. 83, dites *voir* observ. p. 79.		
98	00.	*L'article* Limogne réparé à la page 110.		

FIN.

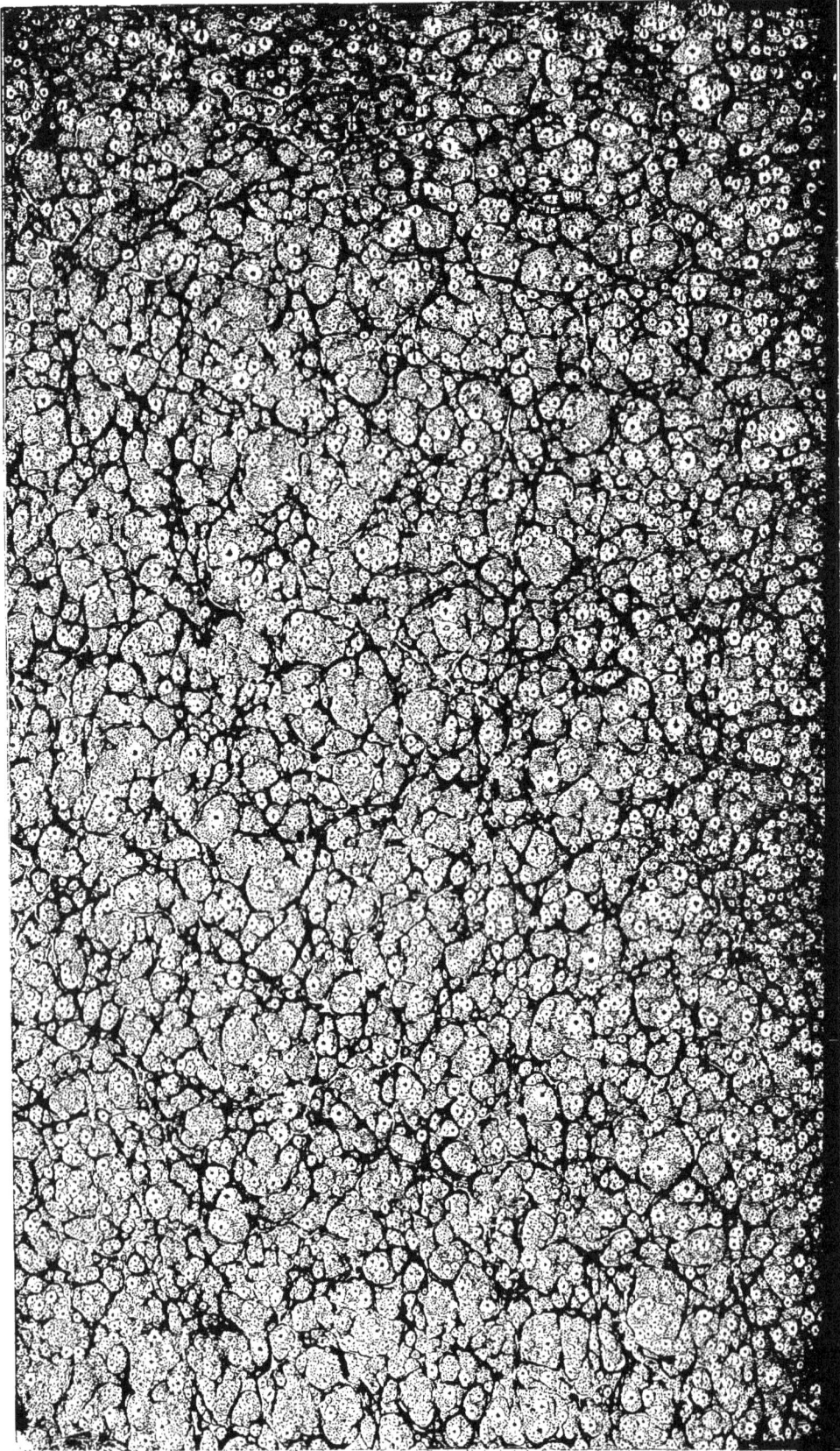

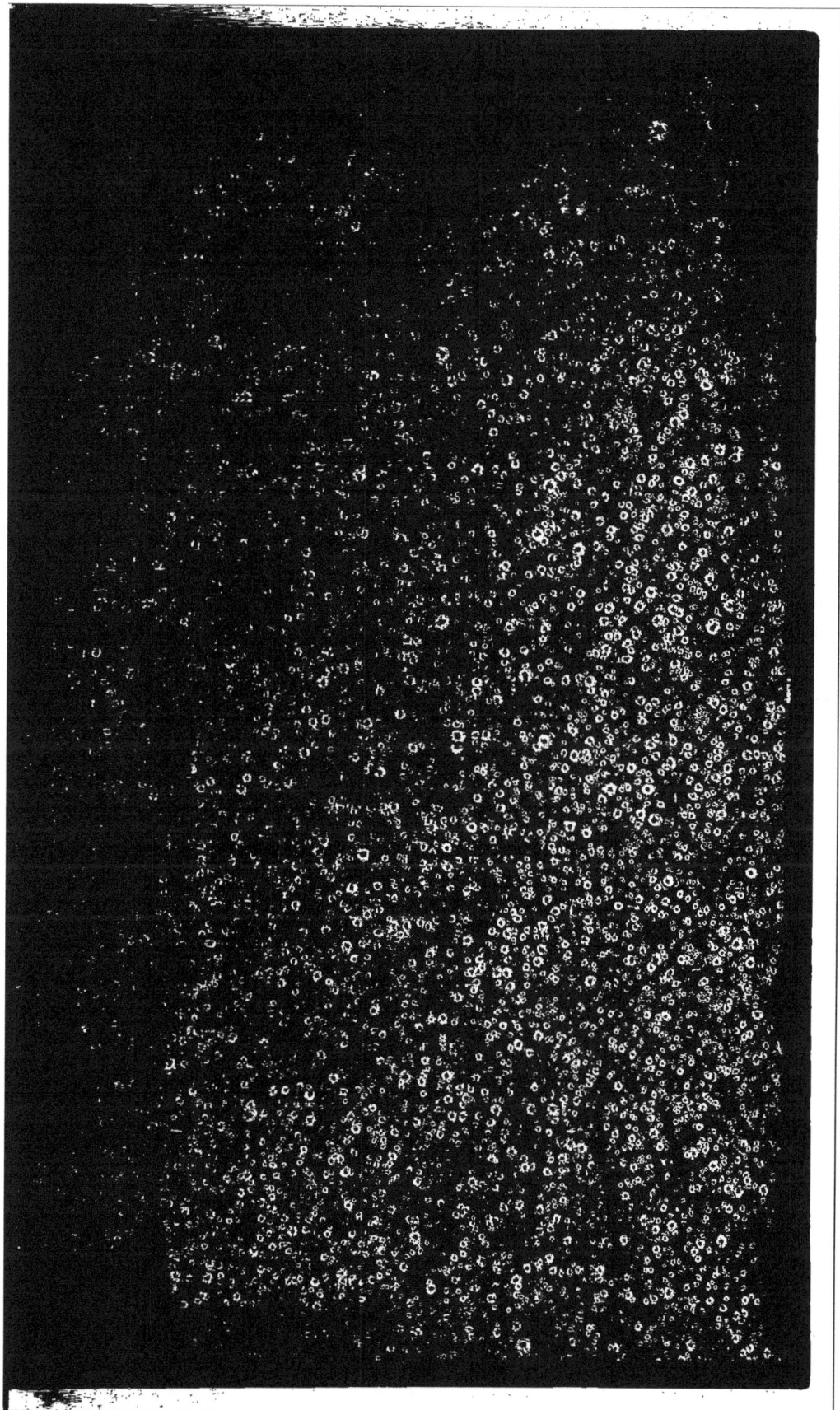

www.ingramcontent.com/pod-product-compliance
Lightning Source LLC
Chambersburg PA
CBHW062010200326
41519CB00017B/4752